自 然 文 库
N a t u r e
S e r i e s

Seed to Seed

The Secret Life of Plants

种子的自我修养

〔英〕尼古拉斯·哈伯德 著

阿黛 译

商务印书馆
The Commercial Press
创于1897

献给杰丝

……有什么能比看见植被茂密的土地更令人欣喜呢？这犹如一件刺绣精美的长袍，缀满东方珍珠和各种稀有而昂贵的珠宝。如果这样丰富而完美的色彩能愉悦双眼，那么花草的色彩，即使阿佩利斯[*]或宙克西斯[**]也无法描绘；如果色彩或气味能带来满足感，那么它们在植物中达到了极致，任何药剂师的杰作都无法与其优秀品质相媲美。但这种愉悦是感官外在的：最重要的愉悦在于心灵，对这些可见事物的认识更加深了这种愉悦，向我们揭示了全能上帝的无形智慧与鬼斧神工。

约翰·杰勒德（John Gerard），《本草书，或植物通志》（*The Herball or General Historie of Plants*，1597）

---

[*]　Apelles，公元前 4 世纪希腊画家，曾给马其顿的腓力二世及亚历山大大帝当宫廷画师。——本书中脚注无特殊说明，均为译者注。

[**]　Zeuxis，古希腊画家，约活跃于公元前 5 世纪前后。

目 录

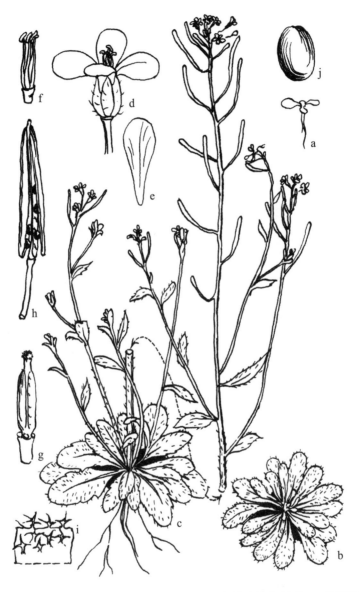

拟南芥（*Arabidopsis thaliana*）：a.幼苗，b.营养生长期植株，c.花期植株，d.花，e.花瓣，f.去除花萼和花瓣的花，g.雌蕊群、蜜腺和花梗上部，h.开裂的角果，i.叶片正面，示分枝毛，j.种子

前　言

　　本书旨在展现科学如何拓展我们对世界的认识，主要面向非科学家群体。一方面，它描述了我特别关注的一些科学领域的奇迹：对植物生长的方式和原因不断深入的理解。另一方面，它在更广阔的思想层面对这些新进展进行了描绘。这是指我的思想，它思考着我认为当前最令人振奋的植物学命题。因此，本书可以说是一副思想的自画像。如同所有的肖像画一样，它很抽象：突出某些特征，同时省略某些特征，从而使之前隐藏的一些事物呈现出来。

　　我是一名幸运的科学家，有幸在全世界最前沿的科学研究所工作。我在诺维奇（Norwich）郊外科尔尼（Colney）的约翰·英纳斯中心（John Innes Centre）带领一个科研团队。我们的实验要揭示植物生长调控机制背后一些不为人知的原理，寻找决定植物的外形和构造的基因和蛋白质，探寻这些不可见事物的本质之美。

　　本书实际上是一本笔记，是记录 2004 年的日记。它的核心内容是在四季轮转中，一棵选定的植株在生命周期各个阶段的变化。描述中也突出了促使植物从一个阶段发展到下一个阶段的看不见的分子力。书中还记录了其他进程：对植物生长的科学理解的深入（我的研

究小组近期工作的记录）；一个新的研究方向的实施；从挫折失败到
豁然开朗的个人历程。

　　还有什么需要介绍呢？也许接下来的内容大多数是仓促间快速完
成的笔记和草图，既不完备也不全面，有时只是一知半解。我试图在
致力于科学研究的思想之宏大画卷中捕捉一丝科学进程的味道。我记
录了情感——我们这些科学家通常过于抑制情感的表达。更重要的是，
我希望偶尔能激发一些对生命的体悟，在匆忙中用只言片语记录下瞬
间的流逝。

尼古拉斯·哈伯德

2006 年 1 月

　　　　　　　　　　　　　　　　　　　　　　　种子的自我修养

1月

1月8日，星期四

十八年前的今天，我第一次从伦敦飞到了加利福尼亚。这是一个新的开始。当然，对一个过去大部分时间生活在英格兰的人来说，也是一次巨变。许多事都不一样了。比如，阳光的质量。这里的阳光有穿透力，我从未见过如此清澈的光。我的记忆支离破碎：瞥见金门大桥，仿佛一架赭色竖琴矗立在波光粼粼的海面上；一阵短暂而轻微的地震突然触发警报；来自太平洋的风暴带来猛烈的降雨。

在加利福尼亚，我学会了新的思维方式、新的科学研究方法。这些似乎根植于这个地方，以及它的风景和人民。

我是一名植物遗传学家，来到加利福尼亚开始新领域的工作。我换了一片大陆，也换了一种植物：从小麦换成了玉米。而且我很快就被玉米这种植物及其生长的活力所吸引。夏季在加利福尼亚种一茬，冬季在夏威夷种一茬，我们每年可以种两代玉米：其间相隔六个月，我们可以规划新的杂交品种，并对此前的品种进行评估。

这是植物遗传学中令人兴奋的时刻。我满怀热情地长时间工作，从炽热的田地里回来时，满身都是花粉和汗水。在世界各地，其他团队用各种植物进行遗传学研究：小麦、大麦、水稻、烟草，甚至是金鱼草。新的观念从四面八方涌现出来，新的研究领域在我们面前不断开启。

最重要的是，此时思想发生了一次重大转变，并最终将植物遗传学提升到全新的水平。这一转变是基于一种统一化的想法，而这一想法最根本的观念是，所有植物本质上是一体的，植物中不同物种之间的共性多于差异——仙人掌、桫椤、北美红杉、燕麦和向日葵都是相似的。这个想法就是：集中研究单个物种，将推进对所有物种的理解。

随着这个想法逐渐被接受，新的问题出现了：选择哪个物种呢？最后，许多植物学家选定了拟南芥：*Arabidopsis thaliana*。拟南芥？拟南芥是什么？你可能从没听过这个名字。一丛低矮的莲座状叶，可以长到一英尺*或不足一英尺高，开花，然后迅速凋亡。它散布在花园的角落里、荒地里，或长在墙上。毫不起眼，无人关注；常见，却

---

* 1 英尺 =0.3048 米。

不熟悉。

那么，为什么选择拟南芥？因为它拥有植物学家眼中完美的属性，相当于动物界的果蝇。首先，它容易在温室和实验室里生长，因其体形小，可以在有限的空间里成千上万株地种植。其次，世代时间相对较短：在实验室里六周即可完成从种子到种子的周期，即一年八代，而玉米一年只有两代。每年新的杂交品种多达 4 倍，每一种都将带来新的领悟和更深入的理解。最后，拟南芥的基因组比较小，这对遗传学家而言，是一个潜力巨大的属性。与其他物种相比，确定整个基因组的 DNA 序列，即包含这些基因的 DNA 的总和，变得更为现实。它将是首个完成测序的植物基因组。前景令人兴奋，因为 DNA 是理解植物生长的关键所在。如果我们知道拟南芥所有基因的序列，就可以真正着手去解决植物学中一些最重要的问题。

所以当我告别加利福尼亚的明媚，回到诺福克（Norfolk）生活时，我的思想充实了，科研方法也更加灵活，更有创意。我再一次更换了植物，从伟岸的玉米换成了低矮的拟南芥，我很高兴我这样做了。在过去十年里，统一化的想法已经实现并且取得极大的成功。拟南芥的遗传学已经发展到了高度复杂的水平。我们现在用这种遗传学去窥探植物生命隐藏的秘密，从而揭示关于花朵构造、种子萌发，甚至植物生长这个神秘但熟悉的过程（即我的研究领域）等的各种知识。最近完成的拟南芥基因组测序彻底革新了我们的方法：让我们知道那里有一些我们从前不知道的基因，改进我们的实验方法，让我们看到生命本身的一些要素。

所以这个想法是可行的，并且将继续发挥作用，我怀疑，就连当初最热心的支持者也没有料到会取得这样的成功。透过拟南芥，我们可以深入了解日常生活中遇见的植物的生活。

参与其中令我感到振奋。进展的势头强劲，我知道在未来一段时间还会持续。但在我自己的领域，我遇到了一个障碍。下一步往哪儿走？

1月9日，星期五

在过去一年里，我的科研团队工作进展顺利。特别是在2002年，我们经历了一次复兴。各种新想法喷涌而出，并通过巧妙的实验得到了检验。结果，我们有了一个重大发现。这种复苏状态在2003年的春天达到了顶峰，我们发表了描述这一发现的论文。

虽然我在此后的几个月里仍然兴奋不已，但到了2003年底，我开始感到不安。这也许与因冬天临近而逐渐衰减的天光有关。我开始意识到，我不知道接下来该做什么。对于如何向前推进，我一无所知。

当然，科学总是这样，有起有伏，两者我都曾经历过。但处于低谷的问题是，此时的视野受限。你会感到自己陷入困境，毫无出路。你总会想，困境何时才能结束。这是一种持续的状态：在最需要新思路的时候，它偏偏不会出现。

1月12日，星期一

我一直在努力思考，试图打起精神。上周六，我在大教堂周围散步。在脑海中将我经过的各个点与塔尖连起来形成辐条。我产生了一些新的想法。但是，如同一位朋友在科克郡的酒吧里对我说的："尼克，你是一个有想法的人。这些想法的问题是它们行不通。"在回家的路上，我对这个结构的信心崩塌了。我又回到了起点。

1月13日，星期二

今天天气怎么样？我不知道。我一头扎进实验室，几乎没有注意天气。我觉得下过雨了。当然啦，我去学校接爱丽丝和杰克时，操场是湿的。沥青路上还有些泥水坑。

在步行回家的路上，我问他们今天干了什么。爱丽丝像往常一样，滔滔不绝地说了许多。而杰克却感到无聊："豆子之类的。"我继续追问，他答道："你知道的，爸爸，还是那样。就像去年爱丽丝做过的。把豆子装在果酱瓶子里，然后我们要观察它们生长。"

突然间，我想起自己童年的某个时刻。当时是4月，或者5月。我们幼儿园里有一间空旷的教室，天花板很高，地板裸露在外。一束阳光穿过旋涡状的尘粒，落在盛水的果酱瓶子里插着的欧洲七叶树细枝上。就在前一天，这些细枝上还长着壮硕的芽，我捏过它们，鼓鼓的，还有黏稠的汁液粘在手指上。而现在，当我跑进房间时，我立刻看到那些芽已经被柔弱的嫩绿色叶片所取代，叶片在向着温暖和阳光的方向伸展。我停下脚步，静静地站着，把它从头到尾看了个清楚，我的目光沿着它皱缩的芽鳞上移到顶端，那里树叶毛茸茸的绿色手臂和伸展的手形成了终极大合唱。那些"手"是其最终形式的缩微版，有交织的叶脉，手掌和手指朝向太阳伸展着。它们在神奇的光里熠熠生辉。

这是我需要的那种思路。在过去的几个月里，我除了往返于家和单位之间，几乎什么都没做。也许我应该多出去走走，接触真实的世界，看看别的东西。

1月16日，星期五

昨晚温度骤降至冰点以下。我在黎明前被冻醒，但我并没有感觉到冷。更像是胸口发闷，四肢躁动，呼吸加快，心脏顶着肋骨跳动。我用手拂过太阳穴，感觉皮肤湿漉漉的，手指从发间穿过，指尖全是头皮渗出的汗。有一种被大地吸走了身体的生命热度的感觉。

今天早上，草坪是白的，草叶边缘结着霜。层雾中透出微弱的阳光。我决定今天不去实验室了，我要骑上自行车去其他地方。我不确定要去哪里，就是某个地方——去沼泽地里，去湖泊那边，或者沿着旧铁轨去里弗姆（Reepham）。

但我没有走很远。我们街区的道路尽头是一个缓坡，下面与昂桑克路（Unthank Road）相交。这里背阴，遇到寒冷的天气很容易结冰。我下坡时速度太快，为了躲避一辆停在路口等候的车，我急刹车时车轮打滑失控，重重地摔在了路上。尽管没有受伤，但这一跤使我十分丧气。一个突如其来的打击，把时间分成了"事情发生前"和"事情发生后"。

1月19日，星期一

爱丽丝的脑子里充满奇思妙想。她想着杰克的豆子，又知道我的工作与拟南芥有关，就问我，拟南芥是否也从豆子里长出来。于是我从单位带了一些拟南芥种子回来，给她和杰克看。他们吃惊于种子居然这么小。**确实**让人吃惊，拟南芥最终能长到一英尺左右的成年植株，竟然来自这些盐粒大小的褐色小种子。爱丽丝和杰克用我放在家里的一架旧的低倍显微镜观察这些种子，发现它们确实像很小的豆子，圆润、饱满。孩子们从显微镜里观察，一会儿为看到的东西感到骄傲惊叹，一会儿又为轮到谁看而吵起来，乐此不疲。我一边看着他们，一边思索这些种子的惰性，即干燥休眠，与冬季的关联。

杰克为他的豆子感到骄傲。他说他可以看到根开始向下生长、幼苗开始向上生长。他的话唤醒了我的另一段童年记忆。很久以前，1月里一个寒冷的下午，天光渐暗，我站在那里，小小的身子立在风中。我穿得圆滚滚的，像个深海潜水员一样，夹棉的衣服使胳膊、腿显得臃肿，脚上穿着靴子，脸从风帽里露出来向外张望。

我望着菜园，视线越过我的父亲，落在菜园边缘的树上。在树的上方，天空中有大片钴蓝色的云层，低悬的太阳照在一堆迅速飘来的云上，为云层镶上橙色的边。我回头看父亲，看他外套上橙色的阳光。他在奋力工作，为一行欧防风松土。他敞着外套，我能闻到他身上汗水和体热的味道。他把叉子戳进地里，左右摇晃，然后以叉子为杠杆，右手放在把手上，左手在杆上形成支点，叉子的尖在欧防风下面。他顺着这行欧防风，一株一株地松土，然后把叉子插在一旁的地上。他弯下腰，抓住转成褐色的叶片，猛地从土里拔出一株欧防风，就像乌鸫从地里啄出一条虫子，那虫子先是蜷曲起来，然后就直挺挺了。他抓着那株欧防风上部的老叶把它拎起来，看了一眼脏兮兮的浅黄色锥形根，然后看着我笑了笑，把它扔在拔出来的洞旁边。

我也想试试。看起来就像拆礼物一样。我踩着凹凸不平的犁沟，摇摇晃晃地向他走去，拉住他的裤腿。他停下了手上的工作，看着我徒劳无功地去拔另一丛褐色的叶片。他大笑起来，并不凶，而是很快乐，是那种富于感情的放声大笑。他拿起叉子，又松了一下土，把幼苗往上拔了拔，然后退后一步，看我再次去拔。突然间，那株欧防风从土里拔出来，落在我的大腿上，而我站立不稳，坐在了那个洞旁边冰冷的地上。

在迅速消逝的天光下，我仔细地打量这株欧防风。它的主根分叉，形成两个尖尖的锥体，上面还长着更细的毛状根。主根和根毛表面沾着土壤颗粒。在主根上部之前接近土壤表层的部位，枯黄的茎秆从扁平的根端生长出来，上面还带着几片枯叶。我在脑子里画了一条线，代表土壤表层，它将地上的茎叶和地下的根分开。然后这条线扩展成为一个面，一个伸展的平面，将菜园里其他欧防风的根和茎叶也分开来。这个平面与土壤表层平行并重合。我知道这个平面很重要，但不知道为什么很重要。我弯下腰，开始透过这个平面窥视洞口。我看见黑黑的粗糙洞壁斜着延伸到地里，看见从侧壁长出的老枝和卷曲的死根，更深的地方是一片漆黑。

我抬头看向光亮处，视线回到我所在的平面的这一边。我看到父亲正若有所思地望着天空中飘来的云。我看着他站在那里，觉得欧防风似乎生活在两个世界里，由我的平面分成了两个部分，一部分是地上的茎叶，一部分是地下的根。

然后，父亲说了些什么，大概是说不要去管地里的欧防风了。突然间，天光骤然变暗，冰雹打在我脸上，白色的冰雹粒在菜地的犁沟里跳跃，像播种人撒下的玉米种子。父亲抱起我，跑到树下躲避。而我还在想着我的那条线。

种子的自我修养

1 月 22 日，星期四

惠特芬（Wheatfen）

现在天气暖和一些了。几天前，随着从西边大西洋过来的暖空气，冰雪逐渐消融，先是爱尔兰、爱尔兰海、威尔士、英国中部，然后是这里。暖空气带来了降雨，但现在雨已经停了，只留下阴云密布的灰色天空。

今天我发现了惠特芬。几个月前，一位朋友告诉我，在苏林格姆（Surlingham）附近的某个地方，有一片芦苇地和沼泽地，那里是著名的诺福克博物学家泰德·埃利斯（Ted Ellis）的故乡。现在那里是自然保护区，由泰德·埃利斯信托基金维护。我没去过那里，今早我决定去看看。

我不知道惠特芬具体在什么地方，费了一番功夫才找到。我骑车经过苏林格姆的圣玛丽教堂，左转登上皮拉特山（Pratt's Hill），以为能到河边去，因为我知道惠特芬就是沿河的。但我发现，上皮拉特山是个错误。我原路返回，转到苏林格姆的主路，经过鸭塘，左转，终于看到一个小小的指示牌，指引我走向一条土路。

惠特芬太棒了。我绕着这里走了一圈，好好地看了一遍。宽阔的水面、芦苇地、沼泽地和湿地，一直延伸到耶尔河。边缘是林地。我现在还无法笼统地描述。这里大约占地 130 英亩 *，有太多纷杂的细节，难以用几句话来概括。但我可以说说今天令我震撼的几个特征。空旷感——遥远的地平线和大片的天空；潮湿；色彩——灰褐色的芦

---

* 1 英亩 =4046.8 平方米。

苇、灰色的云团，还有偶尔窜出来的黑水鸡。

我会再去这个地方。

1 月 24 日，星期六

我们去皇家剧院看了《我编的剧》（*The Play What I Wrote*）。能看到莫克姆（Morecambe）和怀斯（Wise）作品的再现很有意思，这两位喜剧演员给我的童年带来了许多欢乐。作为现场观众的一员，体验我们共同的回忆，着实令人感动。我想起了 30 年前有着特殊意义的那些流行的台词和动作。如今整个故事重新编排了，旧作变成了新作。

这是通往新方向的一种方法。用新的方式去观察从前见过的事物，预测未见的事物，并进行验证。但在现实中该怎么做呢？

1 月 28 日，星期三

最近几天我都没空写笔记。太忙了：开会，与团队讨论最新结果。此外，我们还要赶着写出手稿拿去发表。似乎花了很长时间，才从最初支离破碎的素材变成一篇将文字与数据结合为有机整体的论文。现在基本完成了。

1 月 29 日，星期四

我真希望我知道接下来该做什么。我需要确定一个问题。如果我能找到下一个问题，路径就会清晰得多。但想出问题，正确的问题，是**如此**艰难。而且仅有意志力是不够的。

种子的自我修养

1月30日，星期五

寒潮又来了。冒雪步行接孩子们放学回家。他们跑来跑去，追逐雪花，抓住雪花，放进嘴里融化掉。

杰克为他的豆藤感到满心欢喜。他受人瞩目，因为很奇怪，他的豆藤比班上其他人的都长得快。他这株是魔豆吗？是什么让它长得这么高呢？谁知道呢——可能是多种因素共同造成的：基因、光照、水分、他的照料，共同影响其生长的因素之多，无法估量。他问我为什么它长得这么高。可笑的是，作为一名研究植物生长的专家，我却没法回答他。

2月

2月3日，星期二

今天的天气异常舒适。相较于上周的冰雪天气，气温有所回升。西风阵阵。平坦的天空呈匀净的灰色。乌鸫的歌声抚慰了沮丧的心灵。花园里，冬菟葵的黄花被暖流催开了。低垂的雪滴花裂为三片。番红花亭亭玉立。

2月4日，星期三

天气持续温暖，这在2月很少见。

我成为生物学家，是因为我热爱生活。但偶尔也会觉得"生物学"这个词带来的割裂感令人不安。如果不是听起来华而不实，我宁愿认为自己是个自然哲学家。至少听起来不那么有局限性。

但现在我缺乏哲学家的视角。

2月5日，星期四

今天休息。我骑上自行车，又去了惠特芬。依旧是西南风：暖和的天气延续。但天气预报说，寒流很快会回来。

诺福克的天空一望无际。满眼都是层叠的云。最高处那层是一条米色的毯子，上面点缀着蓝色的破洞。下面是一块块饺子状的云，侧面饱满，呈灰色，底部扁平，呈黑色。整个天空像一盘湿漉漉的沙拉：各种灰色、蓝色和黄色，向着同一个方向飞驰。

大地上，光线由明转暗，明亮的光斑飞快地由西向东而去。湿润的西风阵阵袭来。微湿的枯叶在风中翻卷。各种气味轮番登场：香甜而潮湿的水青冈林、羊粪、我身上温热的汗水、怀特林汉姆（Whitlingham）的污水恶臭。

我骑着车，一个想法突然浮现。在我的头顶上，几英里 * 的气流之外，就是宇宙无尽的虚空。这么一想，我就能看到一个矢量。它从世界的中心出发，穿过我的脚和头，然后延伸到无限。我感到渺小。骑着自行车，迎着湿润的风。生命如同一片薄薄的三明治，上面是空荡荡的天，下面是熔化的地核。

---

*　1 英里 =1.609 千米。

在怀特林汉姆的小路上，路边黑莓丛中的一片叶子落入眼帘。它斑驳的绿色小手上遍布着先前阵雨留下的水珠，闪闪发亮。一个意识一闪而过。一片叶子的生命，它的细胞、叶脉和茸毛，与我的生命息息相关。这不算一个伟大的发现。当然，每个人都知道生命与生命彼此相连吧？但是，这个小小的顿悟有一种异乎寻常的力度。在那一瞬间，我确定这片黑莓叶子和我属于同一个实体。就在此时，我开始考虑寻找拟南芥。

当然，我每天都能看到拟南芥，就在温室和我单位的实验室里。我想到要寻找野生的拟南芥，就不禁觉得有些奇怪，怎么以前从没想过要做这件事。我已经花了这么多年的时间研究这种植物，但我从没在自然界寻找过它。这是一种断裂。这也印证了我前几天的想法：也许我跟计算机、显微镜和试管打交道太久了。也许是时候出去走走了。

于是我开始沿路搜寻，偶尔在可能有拟南芥生长的地方停下来。岩砾边缘、农田边、从怀特林汉姆往"树林尽头"（Wood's End）上坡小路边的沙砾上、燧石墙的缝隙里，都没找到拟南芥。

到达惠特芬后，我在被水淹没的芦苇地里走了一会儿。我暂时停止搜寻，看着那些直挺挺的茅草从灰蒙蒙的泛着波纹的水面上穿出的角度。都在一个倾斜的平面上，在上周积雪的重压下显得平坦。当然，我知道在这里找不到拟南芥。它通常不会在积水的土壤中生长。于是我走进了树林，那里的土壤干燥一些。虽然在那个狂风呼啸的下午，光秃秃的树干和摇晃的树枝让我感到短暂的兴奋，但是在那里也没找到拟南芥。保护区的四周、停车场和路上都没有。

后来，回到家，我翻阅了《诺福克植物志》（*Flora of Norfolk*）。

种子的自我修养

书中写道:"拟南芥:一年生,夏季或秋季萌发,多见于开阔干燥的土壤、荒地和墙上。6月雨季后萌发的植株可能在9月和10月开花。在黏质土壤上和布罗德兰(Broadland)地区,通常仅见于墙顶和碎石路上。"书上还有一张照片,里面是一株拟南芥长在坟墓表面的碎石中,后面是一块墓碑。

2月6日,星期五

冒雨骑车去了约翰·英纳斯中心。雨滴打在路面上,溅起环形的水花。

我们几周前撰写和提交的论文写得很仓促,因为当时我们知道,有一个竞争团体已经提交了一份预备发表的手稿,其中描述的实验和结论与我们的部分成果几乎相同。

我确信双方最终都会交出很好的论文。但一直以来,只要面对科学竞争的现实,我就会感到不安。这种尴尬来自哪里呢?我自己吗?还是科学文化及我们科学家的做事方式使然?

2月7日,星期六

最近天气暖和,草坪上的番红花像小火箭一样钻了出来。但今天寒流再度来袭。天空湛蓝,高处有一片片云雾。阳光明净,风声呼啸,树木被吹弯。一对喜鹊飞起又停下,静静地待了一会儿,然后乘风而去。

杰克的豆子在我的脑海中种下了一颗种子,现在想法已经逐渐形成,那就是,我应该继续寻找野生的拟南芥。然后,我要在笔记中记录这株植物的生长过程和生活史。这种植物我已经在实验室里密切地研究了许久。也许它会重新激起我的求知欲，帮助我为停滞的研究找到前进的方向。它将书写新的博物志。

当然，我一直是一个待在实验室里的科学家，而不是擅长实地考察的博物学家。我更习惯做控制实验，而非观察和记录自然界发生的事。希望我能边做边学。最重要的是清楚地记录所见的事物。而那些观察到的现象背后的驱动力——那些看不见的事件，使我受到了启发。

本质上，这个想法是再现自然的进程。为选定的植株绘制由春至夏及秋的生命历程。观察这段充满不确定性的旅程，生命周期的每个阶段，以及最终的死亡。在下一代身上看到一个新的开始。这是一个重复过无数遍的古老故事。但是我认为我可以用不同的方式来讲述它。过去我一直在塑造一种关于隐秘的分子事件的视野，那些无形的促进生命发展的事物。我认为是时候用新的表达方式来重述旧的故事了。

博物志。这个想法让我再次想起了学生时代——摆满自然收集物的桌子、欧洲七叶树的芽，等等。那么，我觉得谁会来读这份博物志呢？我，是的，但也许——我希望至少还有——爱丽丝和杰克。现在还不行，他们太小，还不能做这件事。但是几年之后，我希望相较于没有落笔的情况，我在此写下的东西能让他们对我此时的思想有更清楚的认识。

2 月 9 日，星期一

晚上，一股强劲的西北风带来了呼啸的风声。电闪雷鸣。冰雹打在窗上噼啪作响。我躺在床上，听着外面风雪肆虐的噪声，感受着室内的舒适温暖，觉得很惬意。这种对比使我更加享受拥有遮风挡雨的居所的乐趣。我承认，这也许是一种幼稚的兴奋心态，也算极端天气精彩的一面。

2月10日，星期二

找到拟南芥植株

一个寒冷、明亮、有蓝天的早晨。无风。天空中的飞机尾迹纵横交错。家里的斑尾林鸽咕咕地叫着。这样的天气，让我忍不住想骑车出去。先去惠特芬，然后继续寻找拟南芥。很快，我就在灿烂的阳光下大步走过褐色的芦苇丛和结霜的蕨。我穿着粗花呢大衣，想象自己像某个维多利亚时代的博物学家兼牧师一样，在创世的精致之美中熠熠生辉。

离开惠特芬之后，我往回走，参观了圣玛丽教堂及其周围的墓地。受到上星期四发现的那张照片的鼓舞，我继续寻找拟南芥。

我在燧石墙的阴影下休息了一会儿，这堵墙是墓地与道路的分界线。然后，我沿着教堂北边的一排坟墓走着，突然感到了期待成真的激动。在一个坟墓周围的碎石中，我能看到一些绿色的踪影。

我走近一些，蹲在坟墓前。这块墓碑是一本打开的书的样式。坟墓是一块狭长的地，大约有一个人那么长。坟墓用低矮的有着斑驳花纹的奶黄色大理石围了一圈，墓碑靠近某个角的地方有些怪异地裂开了，还有一些褐色的斑块，像泼在纸上的茶渍。碎石铺了薄薄的一层，有些地方露出了下面黑色的湿润土壤。一种干旱和湿润并存的混合景观。在稀疏的碎石之间散布着各种杂草：酸模、蒲公英、蓟等。其中有一些拟南芥：呈星形的莲座状叶片嵌在碎石中。

搜寻结束了。我找到了三棵排成曲线的拟南芥植株。三棵的株龄差不多，可能是去年播的种。这些植株就像我每天在实验室里看到的那些一样，但它们不是栽培的，也不是刻意种植的。

坟墓草图。

　　　　　　　　　　　　　　　　　　种子的自我修养

首先要做的是选择其中一棵。于是我选了中间的那棵。一丛破碎的莲座状叶片：外层脆弱的叶片包围着内部的螺旋状绿叶。这棵植株将成为我的拟南芥。我的观察对象。我将在日记中记下它的生命历程。当我选择它的时候，我有过一阵短暂而强烈的忧虑。就不确定性而言，拟南芥是一种极好的植物。它在土地边缘、墙上和供水不稳定的地方自播种子。这些地方有旱有涝。拟南芥的特性能够应对这些挑战。但它总是生活在风险边缘。

　　首先，我来描述一下选定的这棵拟南芥，就像我从未见过拟南芥一样。从哪儿开始呢？首先我要尝试远观的视角，然后我会用特写来描述这棵植株的外观。

　　站起来，退后几步，在几英尺远的地方，这棵植株最引人注目的是什么？首先，是它的颜色。它在灰色碎石和黑色土壤的映衬下绿得发亮。即便离得这么远，它的光亮也深浅不一。幼叶的绿色中泛着深绿和蓝色，而老一些、黄一些的叶片没有。每片叶片的绿都有大理石的光泽，而且沿着叶片的平面延伸开去。

　　接下来吸引我的是结构。植株是轴对称的。以叶子为例。从叶尖到叶柄，一条淡黄色的线穿过每片叶片的中心，将叶子分成对称的两半。整棵植株也是对称的，包括叶片的排列。从侧面看，拟南芥像一株小小的灌木，骄傲地屹立于土壤之上。植株基部的叶子形成一个浅浅的拱门，叶尖和叶柄基部都碰到了土壤。上部的叶子则指向空中，使得这棵"灌木"围绕一根垂直线对称。凑近一点，俯视这棵拟南芥，就能把这种对称看得更清楚。它是莲座状的，呈星形。叶片从中心点向外辐射。沿着这些叶尖可以画一个圆。这令我想起达·芬奇那幅一

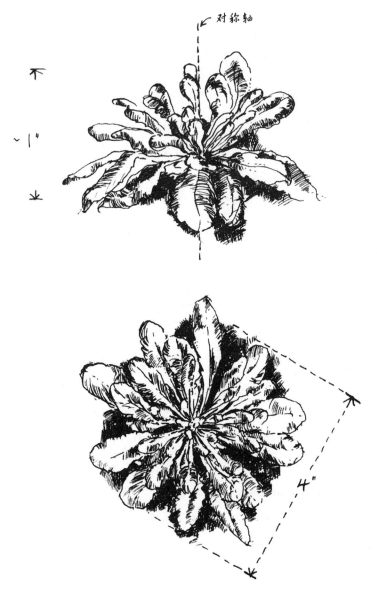

从侧面和从上方看拟南芥植株。

种子的自我修养

个人的手脚与圆周相接的画作。如上所示，拟南芥具有辐射对称性，它有一个中心和一个圆周。

我凑得更近一些，双眼离它只有几英寸*远，我用卷尺测量了一下。莲座的直径约为 4 英寸。它的最高点离地 1.5 英寸。植株的纹理更加清晰可见。植株有毛：叶柄和叶片正面的茸毛使其具有光泽。我伸手用食指和拇指捏住一片叶片，那种光泽立刻转化为天鹅绒的手感。叶片十分柔软，容易弯折。

当然，在结构方面拟南芥还有其他属性，但那些是不可见的。这些不可见的属性，这些隐藏的秘密，与可见的部分同样真实，并共同构成了拟南芥这个奇迹。

我很高兴今天找到了这棵植株。而且，似乎我就应该在这个地方找到它，在这片神圣的土地上，在这个数百年，或者数千年来不断上演死亡与再生的地方。尘归尘，土归土，种子归于种子。这种杂草同时体现了生命的辉煌与短暂。

2 月 11 日，星期三

这棵拟南芥是如何在这里生长的呢？它是怎么来到这里的？一定是有些种子落在了坟墓的周围。有些落在石头上，下雨时淋湿了，萌发了，石头表面干燥后就消失了。有些种子落在湿润度更持久的地方，也许是在碎石遮挡下的土壤里。在这里，它们度过了从种子到幼株的脆弱时期。

---

* 1 英寸 =2.54 厘米。

这些种子可能是在 2003 年 8 月萌发的。然后，在 9 月和 10 月，拟南芥植株成长为幼苗。小小的莲座状叶片在裸露的土石间伸展开来，根部扎入地下。到了 11 月，植株的生长先是放缓，然后随着寒冷加剧，生长彻底停止。现在，到了新一年的 2 月，它又开始生长了。

但种子是如何落到坟墓上的，仍是一个谜。特别是昨天在离开教堂墓地之前，我又四处走了一会儿。我看着这片墓地，注意到四周的树木长得很好。我又看了其他坟墓，但再也没有找到一棵拟南芥。我找到的拟南芥似乎是这里唯一的几株。真幸运能找到它们。

2 月 12 日，星期四

关于基因和感知能力

无风。灰暗，寒冷。但今天早上，我真实地感觉到了时间的推进。有一种冬季过去、春天来临的感觉。我们的北半球又向太阳倾斜了一些。

下班后，我又回去看了一下拟南芥。它的叶片记录了这个冬天的历史。隐藏在莲座状叶丛下面的那些最老的叶片，已经褪色、变褐、枯萎。它们趴在地上，无力支撑自己的重量。其中最老的叶片已经死去，像裹尸布一样覆盖在土壤表面上。

稍好一些的老叶中心是绿色，边缘是很宽的黄边。中心还活着，边缘已经快死了。绿色是叶绿素的颜色，这种色素能吸收阳光，维持植株的生存。叶子边缘变黄是因为叶绿素已经被掠走，到植株的其他地方去重复利用。这些老化的叶子严重受损，上面有蛞蝓、蜗牛和其他昆虫啃食留下的孔洞。

这棵拟南芥暴露在冬季的严寒中。狂风肆虐，冰雹侵袭，霜冻欺

种子的自我修养

凌，但它活下来了。虽然一贯如此，但如此脆弱的事物遭受这些打击还能挺下来，着实令人震惊。

植物生存的秘诀在于其对周围世界的敏锐感知。它能感知逆境，做出反应，从而生存下来。拟南芥的这种感知能力来自它的基因。是基因帮它度过了这个冬天。虽然残破不堪，伤痕累累；虽然险象环生，但它做到了。

我突然意识到天色渐暗，我得回家了。我做好了运动的准备。我的双腿已经按捺不住，就像它们要自己动起来一样。我为这个新项目感到兴奋。当新想法涌现时，常常会有行动上的冲动。几个月来我第一次找到这种感觉。

在回家的路上，我在想象中将大地上的沼泽和树林、墓地里的欧洲七叶树和石头，与细胞、细胞核、基因、细胞质、液泡和细胞壁组成的微观景观，也就是科学的景观融合起来。虽然尺度不同，但这些景观都是我们这个世界的一部分。

2 月 13 日，星期五

关于拟南芥 DNA 的纯化

今天早上，吃早餐的时候，爱丽丝问我，我们是怎么处理 DNA 的。她已经逐渐形成一个想法，即对整体的隔离、划分是通向理解的必经之路。为了研究植物的 DNA，需要将 DNA 从构成植株的其他物质中分离和纯化出来。在向她描述这个过程的时候，我想起了我第一次纯化 DNA 的经历。当时我把幼苗浸泡在液氮中，用研钵和研杵研磨它们，直到胳膊疼得无力继续。幼苗变成了淤泥般细腻的橄榄绿色粉末，就像一个翻滚着氮气气泡的泥浆泉。随后培养提取物，用酶消化蛋白质。接下来是揭晓答案的时刻。我第一次看到 DNA 了。在教科书中，这个过程被称为"乙醇沉淀 DNA"。听起来平平无奇，但我着迷了。我看到了闪烁和震荡，像炎炎夏日的空中闪烁的光芒。DNA 链在交界处沉淀，从溶液中升起，进入上面的乙醇层中。它们的运动使两个液层的光密度产生瞬时波动，光线弯曲并舞动起来。当我轻轻地将两层液体混合在一起时，我观察到一个由缠绕的 DNA 组成的灰白色毛球逐渐形成。第二天，我更加兴奋，因为在其后的提取阶段，通过用紫外光的照射，并用一种在这个波段的光照下发亮的染料标记，DNA 再次显现出来。它在黑暗中发出橙黄的微光，漂浮在梯度化密度的溶液里，发着荧光，上下翻腾，像晴朗夏日的云一样饱满。发光当然是一种化学的、物理的现象。但它引起了敬畏。我眼前是生命中神奇而又令人恐惧的东西。像北方文艺复兴时期某些耶稣降生画中的基督一样在晚上发光。

　　DNA 具有不可见的分子结构。它也有一个信息结构，编入了基因里。当然，第一批遗传学家还看不到基因。他们通过对遗传本质的研究推断出基因的存在。但后来我们知道，基因是一个 DNA 片段，基因里的 DNA 呈线状排列，是一个代码。当基因活跃时，这个代码被复制到另一个分子上，这个分子被称为信使 RNA（mRNA）。mRNA 上的代码被读取并用于制造第三种分子，即蛋白质，这种分子也具有序列。蛋白质是细胞的活性成分，使生命体得以运行。为此，蛋白质通过折叠和卷曲其周围的线性序列获得三维结构。所以说基因（DNA）产生 RNA，RNA 产生蛋白质。

　　　　　　　　　　　　　　　　　　　种子的自我修养

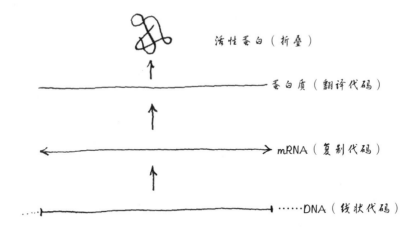

活性蛋白（折叠）

蛋白质（翻译代码）

mRNA（复制代码）

……DNA（线状代码）

DNA 被复制到 mRNA 中，然后翻译成蛋白质，
蛋白质折叠形成最终的活性蛋白结构。

　　我今天试图向爱丽丝解释这一切，但早餐时间太短了。而且我觉得，DNA、mRNA、蛋白质这些词本身所凝聚的意义，为思想交流带来了巨大的障碍。然而，在关于生命过程的科学描述中，它们是通用语言。

2月14日，星期六

　　一个无风、温暖的日子。天空中铺了一层平滑的云。惠特芬呈现出深深浅浅的褐色，从稻草色到铁锈色。水位比我上次来的时候低。这是沼泽地的综合景观。要结合它的地理位置、气候条件和生活在其中的生物体才完整。

　　拟南芥和其生长的那块墓地也是一样。拟南芥的现状是内部（基因）与外部（环境、外界）相互作用的产物。在冬季，拟南芥觉察到空气变冷，并激活负责编码蛋白质来保护细胞不受寒冷侵害的基因。

不同的蛋白质的运转机制尚不为人所知。但我们对某种蛋白质已经有一些了解，这类蛋白质被称为转录因子。转录因子是与众不同的蛋白质。它们由基因编码，但又可以反过来控制其他基因的活性。

在这里，我用了另一个词：编码（encode）。这个词的苍白使我有些退缩。然而，我想不出一个更好的词来准确地概括这种将基因信息翻译成蛋白质结构的能力。也许正因为此，"编码"成为遗传学词汇中的常见词。

正如我昨天描述的那样，基因是由 DNA 片段构成的。有编码蛋白质的片段（从中读取 mRNA 的片段）。在此之前是另一个被称为启动子的片段。转录因子与启动子的结合会导致蛋白质编码片段被复制到 mRNA，随后 mRNA 被翻译成蛋白质。不同基因的启动子具有其特定的 DNA 序列，这些不同的序列能被特定的转录因子蛋白识别。

再回到拟南芥。11 月气温下降，激活了一个负责编码名为 CBF 的转录因子的基因。由此将产生一个 mRNA（从基因上的蛋白质编码片段读取），随后形成一个折叠的 CBF 蛋白。CBF 蛋白与其他基因（如草图中的 1、2、3 等）的启动子结合，并将其激活。由这些基因编码的蛋白质可以保护拟南芥植株的细胞免受低温破坏。整个过程是一系列事件，将最初的刺激与随后的各种反应联系起来。由第二批冷诱导基因编码的蛋白质能够在植物细胞内执行特定的功能。例如，其中一个基因有抗冻性。它能改变在植物细胞中占很大比例的水的物理性质。降低水的冰点，从而降低细胞内容物冻结的风险。植物能感知环境变化并做出反应，这种由基因赋予的能力，是植物能够在冬季生存的原因。

种子的自我修养

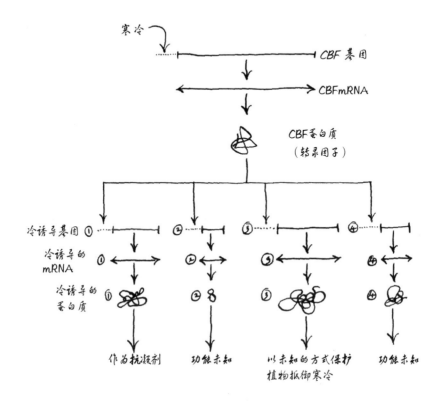

冷诱导的一系列基因激活事件。寒冷激活 CBF 基因（虚线）的启动子：产生 CBF 的 mRNA，mRNA 被翻译并生成活性 CBF 蛋白。

反过来，CBF 与基因 1、2、3 等的启动子结合，并将其激活。这些被 CBF 激活的基因的蛋白质产物在拟南芥植株对寒冷的反应中发挥不同的作用。

　　对我来说，这说明了关联性，展现了植物细胞内部的分子世界与外部世界之间的重要联系。我们常常认为 DNA 很遥远，它远离日常生活，只有在"科学"的背景下才能看到。但这种看法是错误的。DNA 及其生成的基因，与我们周围的世界有着直接的联系。世界改变了基因的活性，基因的活性改变了植物的性质，植物改变了世界的本质。这是塑造我们生活的世界的诸多循环圈之一。

2月16日，星期一

花园里的第一朵水仙开了。早吗？

上星期五晚上，我听说我们的手稿（见2月6日）已经被同意发表。是暂时接受，也就是说要求修改并处理审稿人提出的问题。我非常激动，也松了一口气。实际上，期刊编辑和审稿人处理这篇论文的速度出奇地快。审稿人提出的问题也相对容易处理。我相信离"最终接受"不远了。虽然无法百分之百肯定。

2月19日，星期四

天气晴朗。凉爽的早晨。开花树木开始绽放花蕾。花园里开出了第一朵奶黄色的报春花。天色渐晚时，一股寒风从东方吹来。

爱丽丝和杰克一直在问我为什么总去苏林格姆，为什么总把惠特芬和圣玛丽教堂的墓地挂在嘴边。所以放学后，我接上他们，还有他们的朋友苔丝，开车去了那边。

先是去了惠特芬，那里的风吹个不停，冰冷刺骨。没一会儿，爱丽丝就冻坏了。她一心想着自己不舒服，没心思欣赏那些通常会点燃她思想火花的东西。但假小子苔丝和跟在她身后的杰克活跃起来了。他们沿着小路奔跑，笨拙而积极地爬树。

然后去了圣玛丽教堂。我带他们看了那棵拟南芥，但他们不太感兴趣。爱丽丝说了句"爸爸，很不错"。她被冻得很烦躁，急着跑进教堂里躲避寒风，根本没顾得上看一眼。杰克也没看出它有什么特别：“就是一棵杂草，我们家花园里有很多。”

我们走进教堂，里面有一个木质的鹰形诵经台，下面还有一只猫头鹰，他们被这个诵经台吸引了一阵子，但没多久，他们又将注意力转向了其他东西。为了听回声，他们拍手、大喊大叫，在过道里蹦蹦跳跳，追逐着从西跑到东。我为他们扰乱这份宁静深感不安，赶忙将他们带出去，塞进车里，然后回家。但我很高兴他们看到了这些。

2月23日，星期一

明亮的阳光从窗帘的缝隙里透进来，将我唤醒。阳光是从一层薄薄的雪上反射进来的。草坪平整，雪白，有几丛较高的草钻了出来。

因为下雪，我乘公交去上班。我在双层公交车的上部，坐在前排的位置。前方视野开阔。旁边有一片紫色的雪成云飘过来。我想到了生命的脆弱。这种天气带来的不适（冷、脚湿）似乎显示了生命对地球的适应。这一切多么神奇：生命能够容忍大气中的一系列气候变化。但宇宙的其他部分，在蓝天以外，则是超出了这个范围的极端。我们一旦接触到这个极端环境，就会立刻灰飞烟灭或窒息而亡。地球是独一无二的。

2月25日，星期三——圣灰星期三

大斋期禁食，意旨在于朴素、节俭。我试图对我的思想做一次清洁。也许散漫迂回的思考能够明白无误地揭示问题的本质。

2月27日，星期五

分生组织——细胞的分裂和扩张

晚上又下了一场雪。今天早上仍是冷——积雪还在，还没化。我坐在书房的窗边看外面的阳光。先前还脆生生地亮着，这几分钟又暗下来了。现在，雪粒又开始落下来。我一边看着，一边又想起圣玛丽教堂的那棵拟南芥。满脑子兴奋得嗡嗡响。但是今天去苏林格姆不合适，雪太厚了。不管怎样，那棵植株都会被大雪掩埋。我只能用想象和记忆来描述它。

拟南芥的莲座叶丛的中心是其余部分的源头。在构成莲座的数千个细胞中，每一个都可以追溯到中心的构建细胞。这群特殊的细胞是一种被称为分生组织的结构，位于莲座圆盘的正中心。莲座圆盘上的一切皆源自这个不可见的分生组织。

实际上，分生组织位于茎尖。像其他植物一样，拟南芥的地上部分由围绕茎的叶片组成。但在拟南芥的这个阶段，它的茎被压缩到难以看见的长度，由于本身矮小，又被叶片包围，就彻底隐藏了起来。在生长过程中，分生组织中产生的细胞向下流动，形成茎和叶的主体。

植物的生长取决于细胞的分裂和扩张。这些过程可以可视化。首先，想象一个细胞。将真实事物抽象化，想象成一个立方体的形状。它有细胞壁、内容物和包含一整套基因的细胞核。这是一个想象中的典型细胞（这样的事物并不存在）。细胞变长，立方体变成长方体。然后它开始复制基因。然后暂停一会儿。两套基因分别来到细胞的两

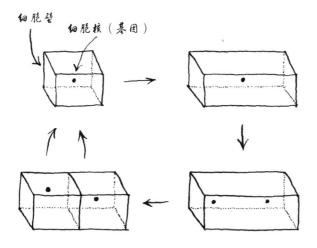

细胞壁
细胞核（基因）

一个细胞变成两个。细胞先是扩张，然后复制细胞核中的基因，将两套基因分别放进单独的细胞核里，然后形成新的细胞壁，将原来的细胞分裂成两个。然后新的细胞可以再次开始同样的进程。

端。然后细胞形成新的细胞壁，将自己分裂为两个细胞。现在有两个新的细胞，每个细胞都有一套基因，而之前只有一套。既是分裂，也是增殖。一个细胞变成两个。然后这两个细胞也开始扩张，重新开始整个循环。这就是生长在细胞水平的运转原理。我们实际所见的生长，是许多不同的细胞分裂和扩张循环的产物。

此外，细胞的增殖使拟南芥的地上部分、根和叶获得其特有的形状和样式。此刻，这棵拟南芥正在生长。尽管下了雪，但即便在我书写和思考它的几分钟之内，它也在以这种基本的数学形式发生微乎其微的推进。现在分生组织中的每一个细胞，都比我开始思考的时候距离变成两个细胞更近了一点儿。春天快来了，随着天气转暖，增殖的速度也将加快。而且我欣慰地发现，这棵拟南芥的分生组织中细胞增殖的速度取决于地球相对于太阳的倾斜角度。

为什么说欣慰呢？我说欣慰是什么意思呢？我一写下这个词，就意识到其中还有深意。但这种深意很难捉摸。它短暂，多变，难以表达。我一抓住它，它就逍逝了，从脑子里溜走了。但是，说出这种欣慰的感受至少证明，记录这棵拟南芥的生长过程，对我而言不仅仅是对生命周期的发展简单、冷静的观察。

2月28日，星期六

全国都被北部的冷空气所笼罩。苏格兰有暴风雪，昨晚气温降至 −8℃。在诺福克，尽管昨天的积雪在阳光下消融了一些，但晚上还会有一场大雪。从窗外望去，树篱和灌木丛都成了一团团的，树叶也变大了一圈。

今天又很难去圣玛丽教堂了。去了也没什么意义。所以我再次陷入沉思。以思想的眼睛去看这棵拟南芥分生组织的结构。

这次仍旧是抽象的图像。侧重中心的事物，忽略周围。把分生组织看作几百个细胞组成的小球体，直径约为150微米。分生组织中的细胞比植株其他部分的许多细胞都小，因为分生细胞经过相对较短的扩张阶段后就开始分裂。在它们的细胞壁里面，充满了由悬浮在水中的蛋白质和其他大分子组成的凝胶状物质（这种凝胶状物质被称为细胞质），以及细胞核（含有基因的结构）。分生组织的细胞球位于一个圆顶的顶端，而这个圆顶形成植株的茎尖。虽然我把它想象成一个圆顶内的球体，并用这种方式画出来，但在实际情况中，并没有一条明显的线将球体细胞与圆顶细胞分开来。这个球体在某种程度上是一个概念性装置，它强调了植株的某个部分主要负责产生构成植株其他部分的细胞。

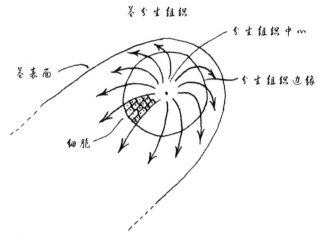

来自分生组织的细胞形成茎。细胞在分生组织（图中的球）中形成，然后按图示方向流出，从而形成茎。

　　一定要记住，分生组织的细胞不是静止的。相反，它们一直在运动。分生组织是一连串细胞的源头，这些细胞分流出去，成为植株的主体，形成茎和叶。因此草图中有分流箭头。大部分构成分生组织的细胞只是暂时成为其中的一部分，它们在那里生成，然后前往他处，形成植株的其他部分。

　　有一种内部遗传机制能维持分生组织的结构。这个结构取决于构成分生组织的细胞的生成速度。分生组织球体正中心的细胞相对较小，并且很少分裂。在分裂时，子细胞被推离中心，向球体表面运动。细胞离球体的中心越远，分裂越频繁，子细胞被推离的速度更快。

　　在球体表面，细胞的分裂和扩张相对较快。这些细胞增殖的相对速度受到一种名为 WUSCHEL 的蛋白质控制。WUSCHEL（这个名字源自德文，原意是"混乱"）最初被发现，是因为缺乏这种蛋白质的突变植株出现了结构混乱。事实上，WUSCHEL 使球体中心的细胞分裂速度足以生成最终形成茎叶的细胞。在缺乏 WUSCHEL 的植株中，球体中心的细胞不分裂，细胞的源头枯竭。在 WUSCHEL 过量的植株中，球体中心的细胞会过度增殖。此外，正常植株中的 WUSCHEL 水平是由另一种蛋白质根据"反馈"来调节的。有一个基因负责编码这种蛋白质。这种蛋白质（我们称其为"WUSCHEL 调节蛋白"）通过抑制第一个基因，即编码 WUSCHEL 的基因的表达来抑制 WUSCHEL 产生。然后，WUSCHEL 会激发另一种基因的表达。这种控制循环是一种"稳态"循环，它确保了事物的连续性，这是生物学中的一个共识。

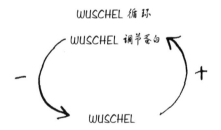

WUSCHEL 的运转机制。WUSCHEL 促进位于分生组织中心的细胞增殖。但是，WUSCHEL 也促使抑制 WUSCHEL 作用的"WUSCHEL 调节蛋白"产生。这是一个"负面反馈"的稳态循环。

　　WUSCHEL 循环只是整个机制的一小部分，这个机制确保分生组织维持恒定的结构，即使构成分生组织的细胞会通过它流出。我们可以想象分生组织细胞的一些基因是如何形成一个信号模式，或者说信号图谱。其他基因根据这张图谱控制分生组织细胞的活动。

　　　　　　　　　　　　　　　　　　种子的自我修养

这张图谱在形成的同时也在被读取，而读取影响其形成，形成进一步影响读取，构成一种微妙而复杂的循环。对此我们才刚开始有一些了解。

2月29日，星期天

叶片如何出现

昨晚和今天又下雪了。雪还在下。雪花的稳定性和质感与昨天不同——更大，更松散，没有那么硬实。而且更尖利——更像点状。现在花园和天空相连，同是一片雪白。小细枝和树枝上的雪有一种造影的效果；雪标示出正面，使它们轮廓分明，将树枝的顶部与底部区分开，凸显了树木的维度，构成一幅蚀刻版画。

我估计那棵拟南芥已被雪层覆盖。所以今天将是想象其分生组织的第三天。昨天的球体和圆顶的形象是今天这幅图的基础。今天的画面将更加完整，要描绘叶片的形成，并解释它们彼此的位置。

首先要概述叶片在植株上的排列方式。每片叶片通过叶柄附着在中央的茎上。总体来说，是这种附着形成了莲座的圆盘。而莲座实际上是一个扁平的螺旋结构。每片叶片的位置通过螺旋结构的转角与前一片叶片的位置相关，这个螺旋结构从顶部到底部缠绕在茎的周围。精致的几何图形。一片叶片以及其后的叶片与茎的中心所形成的夹角总是137度。这个137度的角度在分生组织中已经设置好。

当位于分生组织圆顶侧面的一小群细胞加速分裂，超过其附近的细胞，叶片就开始出现了。这群细胞开始向外分裂，在圆顶的侧面形成一个凸起。这个凸起是叶片形成的第一个标志，其中包含将要构建叶片的细胞。不久，又会形成另一个凸起，然后又是一个。每个凸起形成的位置都与前一个凸起的位置有关；连续的凸起及分生组织的中心形成的夹角始终保持在137度。而且由于这些凸起最终将成为叶片，所以围绕分生组织的这些微小可见的连续凸起，分布成螺旋结构，完全成形的叶子也以同样的螺旋结构排列在茎周围。看不见的部分创造了可见的部分。究竟137度的角度是如何确定的，至今仍是植物学中最难解决的问题之一。

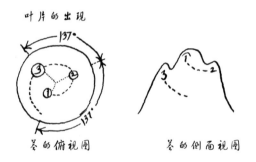

叶片出现。凸起1、2、3代表围绕分生组织和茎尖形成螺旋状的连续叶原体。

于是我在脑海里拼凑出了一幅拟南芥地上部分的图像。如果幸运的话，分生组织不会被今天的积雪损毁。随着春天到来，细胞增殖的速度会加快。第一批叶片已经准备就绪，休眠的凸起等待着天气回暖。随着温度升高，植株的螺旋状叶片结构的增长速度也会加快。

其中的数学运算令人愉悦。拟南芥莲座的整体结构可以抽象成一个角度——将分生组织表面的连续凸起分隔开的弧形的角度。

现在天黑了，又开始下雪了。在风中，雪迎着街上的灯光斜斜地落下。我想象整片大地都在下雪——从诺维奇到长着拟南芥的圣玛丽教堂，到惠特芬，到雅茅斯（Yarmouth），再到宽广的灰色北海之外。

这个博物志项目很有趣，我乐在其中。但是，我还没有解决最开始的问题。

3 月

3 月 1 日，星期一

解剖细胞——区分生命体与非生命体

今天早上明显感觉到季节的推进。在我起床做早茶之前，亮光已经从卧室的窗帘边缘透进来。冒着严寒骑车去上班。霜雪结成的冰在轮胎下咔嚓作响，水坑里有碎冰。我猜，大概有零下四五度。但今早我精力充沛。

而昨天，在最后一场大雪之后，雪开始在阳光下融化。融雪纷纷从树上落下。我站在花园里，周围的声音听起来很美妙，有滴滴答答

种子的自我修养

的滴水声，有积雪滑落的哗啦声，有水从屋顶流入下水道的水流声和咕嘟声。像春天一样。我从鸟鸣中听出了山涧的声音。我感受到复苏的气息。但我确实在优美的景色和冷静的客观性之间摇摆不定。

本周的工作：对我们的修改过的论文做最后的修订，然后交给期刊编辑。明天与来自英国其他研究机构的一个团队会面。星期五去沃里克（Warwick）。在会议间隙，还要管理我的研究小组。必须抽空开始撰写资金申请书。

再回到想象吧，在今天开始真正的工作前，花几分钟找点乐子。昨晚，我从实验室拿了一棵拟南芥回家，给爱丽丝用显微镜观察。她看到了叶片表面的景象，看到外层的细胞和进气孔，这些让她深深着迷。我们一起想象着，假如她像《爱丽丝漫游仙境》里一样变小，小到可以钻进一个气孔，进入里面的气室，将会看到什么。现在，我也在想象这样一个气室里的细胞。从圣玛丽教堂那棵拟南芥的一片叶片的背面开始，我要在这张草图的引导下层层深入。

表面由一层表皮细胞组成，这是植物的外皮。表皮细胞之间散布着成对的保卫细胞。这些构成气孔的闸门，即表皮的间隙，使外部空气与气室连通。保卫细胞依据植物内部的信号相应地收缩或舒张，从而打开或关闭闸门。今天，由于严寒，这些闸门会关上。但如果天气暖和一些，这些闸门就会打开，让空气流入，水蒸气则从气室内流出。气室壁由叶片内部细胞的表面构成。这些细胞从进入气室内的空气中吸收二氧化碳分子，然后在光合作用过程（后面会再谈及）中利用这些二氧化碳。二氧化碳要进入细胞，需要先穿过细胞壁，即这些细胞的外表面。细胞壁由分子纤维交织而成，是一种类似布和纸的织物。

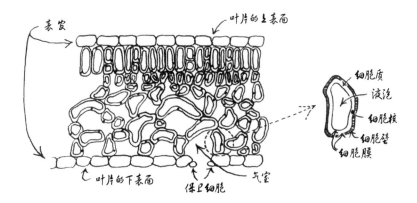

表皮

叶片的上表面

细胞质
液泡
细胞核
细胞壁
细胞膜

叶片的下表面

保卫细胞

气室

叶片的横截面，显示了叶片背面一个气孔的保卫细胞、其所服务的气室，以及组成室壁的某个细胞的特写。

细胞本身主要由水组成。每个细胞的中心是一个由薄膜包裹的水珠，即液泡。水珠周围是稀薄的细胞质。所以细胞的结构可以一层一层来看：首先是细胞壁，是将细胞密封起来的保护纸袋。细胞壁里面是包裹在膜内的细胞质。在细胞质里面，是由另一层膜包裹的中央液泡。细胞质虽然只占整体的一小部分，却是细胞的关键所在。细胞质本身还可以细分：它包含细胞核，即产生基因的地方，以及与细胞生命其他方面相关的结构（即细胞器）。

下一个抽象层次是分子层。细胞的不同区域含有不同类型的分子，这些分子具有显著的特性。例如，细胞壁中的纤维由纤维素构成，是一种由碳、氢、氧原子组合成长链的化合物。这些纤维十分牢固，使细胞壁有很好的耐久性。细胞核中的 DNA 也是一种分子，其中的原子构成著名的双螺旋链，也是基因的原料。细胞质的凝胶状物质是一份由其他分子组成的浓汤：蛋白质、碳水化合物、脂质等，都悬浮在水中。细胞质的分子结构与人体细胞非常相似。

生命有不同的层次。我们可以从不同的抽象层次、不同的尺度来看它。有分子、蛋白质、碳水化合物、纤维素和DNA。有细胞的内部区分，包括细胞壁、细胞质、液泡、细胞核。有细胞本身、圣玛丽教堂的墓地里的拟南芥、它周围的欧洲七叶树、附近的沼泽以及更远的北海。我的脑子里出现了一个问题，一个意想不到的问题。细胞整个都是活的，还是只有其中一部分活着？

这是我以前没有考虑过的问题。一个显然如此重要的简单问题，我无法想象为什么以前从来没有想过。什么是活的，什么不是活的？生命体与非生命体之间的界限是什么？

拟南芥植株是活的，这个植株的细胞是活的。但大多数细胞的正中心是一个液泡。那个液泡里的水是活的吗？还有包围细胞的细胞壁，是活的吗？我认为细胞的细胞质是活的。它会动，会呼吸，会代谢。但它是由分子组成的，而这些分子，在我看来不是活的。基因呢？基因是活的吗？

现在我又想到了另一个画面：从玫瑰花上脱落的花瓣。花瓣落到地上去，在空中旋转着落向土壤。然后开始腐烂。从深红色变成褐色。花瓣枯萎，扭曲。深色的脉络，衬着乌黑的背景。分解的过程。细胞分解为组成它们的分子。那些分子渗入土壤的水中。分子进一步解体为组成它们的原子和离子。

最后，花瓣消失了。虽然它似乎从未存在过，但是曾经融入其中的那些离子、原子和分子，现在还分布在大地和空气中。几年后，这些原子中会有少数再次成为某个生命体的一部分。比如一根草茎，被孩子摘下，吮吸它的甘甜。原子先前存在于花瓣中，然后回归大地，再然后成为草的一部分，此时又成为孩子的一部分。

3月3日，星期三

今天早上我对我们修改过的论文做了最后的修订……把"which"改成"that"之类的……突然研究小组的一个成员让我过去看某个东西。

于是我去看了看。我们讨论了结果，进行了批判性评估，争论了它的含义，等等。但是我脑子里想的是惊叹。惊叹于我们能看到刚才所见的东西，更不用说考虑它的潜在意义了。

这次实验使我们得以探索某个特定基因中的 DNA 排列。我们所见到的着实令人兴奋。这表明我们已经万事俱备。我们一直希望找到在这个基因中携带突变的植株。现在看来，经过几个月的寻找，我们终于找到了。

但是如何传达这种兴奋？其背后的原因，即背景，是关键。但很难用一幅图景来充分描述背景的奥妙和特殊意义，因为用来描绘这幅图景的语言不是通用的。这就是专业化的问题，它将我们区分开来。我们被分解成一个个细胞，各自用不同的语言来谈论这个世界。尽管我们努力去理解我们的世界，但却未能形成共同的视角。

3月4日，星期四

天气暖和，天光晦暗。地面上均匀的薄雾渐渐融为均匀的云。

我们的论文已经被完全同意发表！编辑和期刊的回复惊人地迅速。我昨天晚上提交了修订版，今早的第一件事就是在电子邮箱里收到《论文接受函》。另外我进一步考虑了关于拟南芥细胞的事。此前我还画了一幅图，表现细胞是如何被周围的细胞壁分隔的。不过这么说不完全对，并不是完全分隔。

在某种程度上，这是一个如何看待细胞的问题。它们确实彼此分隔，包含在细胞膜和细胞壁内像岛屿一样彼此不同，与世界上其他地方分隔开来。

但细胞组成了一个群落，它们确实互相交流。有极细的细胞质丝穿过细胞壁，将每个细胞与邻近的细胞连接起来。细胞通过这些丝构成的网络互相交流。携带信息的物质沿着网络传递。此外，细胞膜和细胞壁是选择性可渗透的。它们调节特定物质从一个细胞的细胞质到另一个细胞的细胞质的输送（通过完全不同于细胞质连接丝的路径）。

所以这些细胞岛屿属于群岛，彼此分隔，又相互连通。

3 月 6 日，星期六

叶的形成

和爱丽丝一起去了惠特芬的湖泊和树林。

微风吹来有些冷，但还是比较暖和。天空灰暗，但并非一片灰。偶尔能透过云层看到太阳。

走进广阔的沼泽地，沿着杂草丛生的小路走向柳树下的座位。远处传来水鸟的声音。沼泽地里的褐色深浅交错。密密实实的栗色芦苇丛，有着奶黄色的芦苇秆和褐色的梢。芦苇秆平行地堆叠在一起。而在芦苇丛的基部——仿佛带着新生的喜悦和痛苦——是今年第一批绿色的嫩尖。扁平的叶片呈金字塔状，上面是尖顶，下面是笔直的，越往上越细。但天气太冷了，无法久坐。爱丽丝拉着我往前走。（此时我写字的时候，寒冷又开始攫住我的手指。）

我们走进树林的时候，树木显现出逆光的轮廓。众多的树棍和细枝交织成网状。因为没有树叶，树干与树枝和细枝之间的细微渐变关系极其清晰。橡树基部有一株金银花冒出了绿芽。停车场附近有洋水仙和雪滴花。

然后去了圣玛丽教堂。现在天空呈灰蓝色，与地平线的交界处更亮了一些。下了一阵雨。肃穆的欧洲七叶树像一道围墙，将教堂墓地锁在了墙内。一座坟墓上有丛结霜的蓝色三色堇，更添了凄凉感。当我们朝着长有拟南芥的坟墓走去时，我发现了一个变化。土壤的质感和颜色变了。和从前相比，沙砾变多，绿色植物变少了。土壤更加高低不平。我警觉地意识到，有人在打理这座坟墓。

当然，我从一开始就知道这个项目是有风险的。在任何时刻都可能有什么事情阻断我记录的这种生物的进程。不过这是一场虚惊。我欣慰地发现，虽然坟墓的其他部分露出了土壤和碎石，但是拟南芥和它的近邻却毫发无损。幸好它牢牢地长在墓墙的角落里，幸好杂草没有被彻底清除。我不禁想，为什么这项工作半途而废了呢？

自从我上次到访之后，构成拟南芥莲座的螺旋结构一直在生长。可以看出多了两片叶片。细胞已经从分生组织转移到了凸起中。那些凸起中的细胞本身就在向不同方向分裂和扩张。这种生长的奇妙之处在于，它并不是杂乱无章的增殖。凸起长成叶片，是经由一系列相互协调的细胞的分裂和扩张，它们共同产生一个具有最终确定形态的器官：可识别的叶，它由好几层细胞构成，近似于一个平面。

　　　　　　　　　　　　　种子的自我修养

如果说叶的生成不完全是混乱的，那么它也没有严格的界定。它跨越了随机和确定的边界线。在简化的层面上，这种生长可以表示为一个数学模型。位于分生组织侧面的凸起，在其初现后的某个特定时刻，是由 x 个细胞组成的。然后每个细胞经过数代增殖，比如说 y 代，生成的叶细胞总数为：$x \times 2^y$。这个方程式中的 2 表示一个细胞每次分裂为两个。由于植物细胞通过细胞壁固定在一起，因此最初的 x 个细胞的每个后代在增殖过程中始终聚在一起。所以叶是 x 个由 2^y 个细胞组成的细胞块，每个细胞块都是由凸起上的一个原始细胞增殖而来的。我们可以认为每个原始细胞都具有未来要遵循的分裂和延伸路径。每当一个细胞分裂为两个，路径就会分岔。这些路径的总和就是叶的构建过程。

现在，让我们在代数中加入几何。想象每个细胞是一个六面体盒子。如果只允许垂直分割，那么有三种不同的方法将一个盒子分成两个：从上到下（1）、从上到下（2）、从左到右（3）。所以细胞可能有三种不同的分裂面。

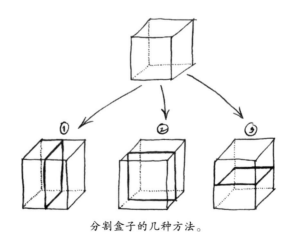

分割盒子的几种方法。

当一个细胞分裂时，它可以选择其中一种分裂面。这个选择将影响最终形成的细胞团的形状。通过影响细胞随后扩张时选择的相对方向（例如，细胞是否沿着某个方向扩张一边的细胞壁，而不扩张另一边？），可以进一步决定细胞团的形状。细胞团的形状合起来决定叶片的形状。

说到这里，有一件不同寻常的事。很明显，要控制好 x 个细胞的分裂和延伸，使其形成一定形状和大小的叶子，是一件高度复杂的事。对于这么复杂的问题，最简单的解决方案也许是为 x 个细胞中的每一个设计好精确的路径（从一个平面分裂，然后在相同方向延长多少微米，然后从相对的平面分裂，等等），这样每个细胞的组合路径叠加起来就形成了一片叶片。这不仅是最简单的解决方案，而且我们已经知道，其他生物体的生长过程中确实存在这样的方式。例如，一些线虫以同样精确的方式控制着发育过程中细胞的命运。

但是叶片不是这样生长的。每当一片叶片生长时，细胞采取的命定路径与其说是精确设计的路线，不如说是具有倾向性的。这种倾向是灵活的，不是严格规定的。

拟南芥每片叶片的生长都是一系列独特的细胞分裂和扩张的结果。这还只是一棵植株。全世界还有数以百万计的其他拟南芥植株，此时此刻都在做着同一件事——长叶子。每一片叶片都是独一无二的。没有一片叶片与我眼前的这片有完全相同的分子结构。但在所有情况下，叶片生长的最终结果几乎都是一样的：一看就是叶子。而且，这片叶片可以与其他物种的叶相区分，能认出是拟南芥的叶子。

种子的自我修养

这是怎么做到的？我们根本不知道。但一定有一张图谱，即由植株的细胞生成的叶片构造模式。单个细胞的行为与该模式相匹配，并由细胞相互之间的交流来控制。了不起的是，正如我之前所说的，细胞会同时绘制和读取决定它们行为的模式。

又下起一阵雨来了。我和爱丽丝都觉得冷，我们的衣服要打湿了。在回家的路上，她问我站在那里盯着那株杂草，到底在想什么。我和她谈了谈叶片的细胞和叶片的生长。她很感兴趣，她喜欢在脑子里想象事物。她也感到很惊讶，原来每片叶片虽然外表如此相似，却是一系列独特的细胞分裂和扩张的产物。它是如此独特，这世界上从前没有过，以后也不会再有。这让她想起她最近读过的书上说的，雪花虽然都是遵循同一套规则生成的，但每一片都独一无二。

3月8日，星期一

昨天，天气寒冷潮湿，我从查珀尔菲尔德花园（Chapelfield Garden）穿过。有条大路的一侧长满了树木，树下是一片番红花，有纯白色和黄色的，还有一些带紫色纵纹的。它们在泥水中散发着光芒。它们令我激动：虽然看起来脆弱，但它们在最近的霜冻中活了下来。

后来，到了晚餐时间，我突然发现自己在思考达尔文和《物种起源》，以及物种通过自然选择演化的伟大想法。这是现代生物学中的一个标志性概念；对生命本质的深刻理解。它的主题是生命如何演化为不同物种，以及不同的物种从何而来。然而，平心而论，达尔文的观点也表明，不同物种之间的共性大于差异。

今天早上，东风带回了寒流。今晚可能会有阵雪。我情绪低落，背部僵硬，脊柱底部疼。我心绪不宁，我觉得自己年纪大了，但我不喜欢这种想法。

此外，我突然对最近抢发论文的事感到不安和不解。我们是否应该多沟通？在做实验规划等时，是不是要让对方知情？

好吧。也许应该这么做。但很难知道界线在哪里。这个"应该"背后的规则究竟是什么？毫无疑问，这是一个竞争游戏。奖品就是成为第一个。因此，如果说出来会危及第一的位置，那就不说。无论如何，很难做计划。科学的道路从来都不是明确的。今天看起来平淡无奇的调查线索，明天可能变得至关重要。

但我不喜欢这样。它玷污了美。我希望不是这样。我的行为，不论对错，都可能伤害别人，这种感觉让我心里不舒服。我们行事的这个方面制造了焦虑，使我的胃部发紧。但今天我会有所行动。树立自信。像个吃错药的英雄上阵打仗一样吵闹。抑制焦虑。然而，潜意识里我却认为：英雄们制造了悲剧。

当然也有相反的观点。竞争使你始终诚实和忙碌。诚实，是因为如果你知道你的实验可能被其他人重复，你就不敢发表错的东西。忙碌，是因为你需要保持领先。

3月9日，星期二

基因如何形成叶片的正面和背面

寒风刺骨，冰粒敲击着玻璃窗。真希望天气暖和起来。有趣的是，冬天和春天，寒冷和温暖，就像玩具天气屋里的男女小人儿一样，一进一出，围着对方跳舞。

继续来看叶片的发育和结构。由于位于分生组织侧面的凸起上的细胞构成了叶片的结构，因此叶片在其内部划分了不同的区域，并且各自具有其区域性身份。叶片的上表面朝向太阳，下表面朝向土壤。仿佛你可以沿中间将叶片分开，就像将一片页岩沿着它的长边分成两个新的平面：一半是正面，一半是背面。这个区分具有生物学意义。叶片的正面主要负责在光合作用中收集阳光，而背面主要负责气体交换，从空气中吸收氧气和二氧化碳。这种身份——正面和背面——已经写在了基因中。有一些基因编码的蛋白质会告诉细胞该变成正面还是背面。在叶片形成的早期，当这些蛋白质仍然是分生组织侧面的凸起时，它们就会发挥作用，将凸起分为两个区域。例如，在叶片的发育中凸起的背面发现了一种特定的转录因子蛋白质，而正面没有。这个转录因子通过激活形成"背面"（而非"正面"）所需的特定基因子集，告诉所有含有这些基因的细胞，它们属于叶片背面。

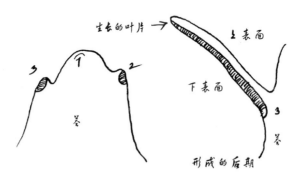

在叶片发育中，"背面"转录因子所在的位置。阴影部分显示了这个转录因子的位置。左上：初始叶片凸起的背面（2、3）。右上：在进一步生长后的叶片3中，转录因子仅存在于背面，在叶片正面没有发现。

3月10日，星期三

身份的本质

我又去了圣玛丽教堂。尽管寒风刺骨，植株仍在生长，近来附近土壤翻动，似乎没有造成影响。叶片也在生长，由于日夜温度的变化，生长速度时快时慢，在温暖的白天长得快，在寒冷的夜晚长得慢。但是今天我的手指冻得发疼，叶片即使在生长，也是微乎其微的。

关于身份本质的思考。叶片有自己的身份，上下表面有其区域身份，即使是叶片的不同细胞，也各自有不同的身份。这些不同的细胞身份，像"叶"和"区域"身份，都是基因活动的结果。

在分生组织，即细胞谱系开始的地方，细胞还在雏形阶段。细胞很小，细胞质浓稠，没有液泡。当细胞离开分生组织，进入正在生长并将要变成叶片的凸起中时，它们就开始变大。液泡形成并膨大。同时，细胞开始转化。细胞可以从几种不同的身份中选择一种。不同的细胞类型一目了然。这些细胞形式有着响亮的名字：导管细胞、木质部和韧皮部；薄壁细胞；海绵状叶肉细胞；等等。转化的过程，即各类细胞获取身份的过程，会随着叶子的生长持续进行。

这种奇迹般的转化是如何发生的？在叶片的表面，从最初的原始凸起阶段，就有一个叫作表皮的单细胞层。这是植株的皮肤。表皮是一层相对一致的细胞，这些细胞的形状和大小都很相似。随着叶片的生长，表皮跟叶片的其他部分一起扩张，其中一些表皮细胞获取了新的身份。这时就出现了选择。大部分细胞继续发育，形成标准的扁平状的表皮细胞，但也有一些做出了不同的选择，努力成为另外两种类型的细胞：保卫细胞（前文已经描述过）或毛状体。

毛状体是毛，按照一种介于随机和规则之间的模式散布在整个表皮表面。就是这层毛状体使叶子具有天鹅绒般的质感。但毛状体是细胞所能获取的一种极端身份。它像尖刺一般，有分枝，有坚韧的细胞壁，突出于表皮的平坦平面之上。与基本的表皮细胞相比，这是一个巨大的转化。而这种转化是由基因的作用引起的。在植物体内 3 万种不同的基因中，有一种对年轻的表皮细胞转化为毛状体至关重要。这个基因被命名为 *GLABRA1*，这个名字来自拉丁语 glabrous，表示光滑、无毛。*GLABRA1* 编码的蛋白质叫 GLABRA1。缺少 GLABRA1 的拟南芥植株表皮光滑，毫无毛状体。这是因为 GLABRA1 是一种转录因子，是一种作用于基因的蛋白质。它将这些基因激活（也可能抑制其他基因），产生特定的活动模式，将细胞转化为毛状体。在没有 GLABRA1 的情况下，这一活动模式无法建立，细胞就不能成为毛状体。

事实上，在叶片的发育过程中，GLABRA1 的活动逐渐集中于将要成为毛状体的细胞中。当叶片处于凸起阶段时，所有的表皮细胞中都出现了 *GLABRA1* mRNA。随着叶片的进一步发育，mRNA 的位置开始局限于一部分区域。它从某些区域消失了，在某些区域依然存在。在有 mRNA 留存的区域，它出现在相邻细胞组成的斑块中，然后是更小的斑块，最终集中到单个细胞中。这些细胞正是对其中特有的 mRNA 做出反应，从而成为毛状体。*GLABRA1* 的表达是如何逐步受到限制的，至今仍不为人所知。这是一个令人着迷的现象。

关于遗传命名法有一点要说明。基因通常是最先被识别出来的，因为当它们无法运转时，就会发生某些事情。例如，命名 *GLABRA1* 基因，就是因为当该基因无法运转时，其所在的突变体就表现为无毛。*但是这个命名似乎有些违背直觉。正常 *GLABRA1* 基因的功能实际上与这个名字的含义相反。*GLABRA1* 导致毛的形成。这个悖论在拟南芥的基因命名中比比皆是，其他许多基因也是如此，随着关于这种植物的故事的发展，在这本笔记中都会谈及。有时候这种悖论有助于从正反两方面来看待它。就像照片的负片和正像：虽然完全相反，但都是有效的呈现。

在命名方面，还有另一个惯例。基因名称，如 *GLABRA1*，用斜体书写。由这种基因编码的蛋白质，如 GLABRA1，则用正常字体。这一惯例提高了明晰度，有助于精确区分基因及其编码的蛋白质。

3 月 11 日，星期四

叶片结构与其光合功能的关系

拟南芥植株内细胞类型的多样性与生命本身的多样性相呼应，而多样性与功能相关。叶片由不同类型的细胞构成，这些细胞专门负责执行不同的任务，也就是叶片总体任务的子任务。比如说，叶片包含一个导管细胞网络（称为木质部和韧皮部）。这些导管形成一个连通的网络，遍布植物各处，把水分从根部输送到细胞，把营养物质从一个细胞输送到另一个细胞。再比如，表皮带有蜡质角质层，并含有气孔，可以调节进出叶片的水和气体。此外，薄壁组织和海绵状叶肉的

---

* Glabra 的意思是"光滑的"。

细胞特别适合进行光合反应（稍后详述）。

　　这种多样性有一种内在的统一性。细胞身份的每一次转化，构成叶片的每种细胞类型，都是每个细胞所含的不同基因子集作用的结果。而且，这些不同的基因活动的子集似乎很可能是特定转录因子对基因表达进行协调的结果，这些转录因子打开或关闭特定类型的细胞发育所需的基因组合。

　　那么这一切是为了什么？今天早上我的视线掠过拟南芥和墓地，望向那些被拉长的光影和草堆时，突然想到了这个问题。我们生活在一个由无序主宰的宇宙里。秩序瓦解的地方。那么，为什么会有这些复杂的、有组织的结构呢？为什么植株上的叶片围绕着茎呈螺旋形分布？它们是为了什么？当我回过头来看那些叶片时，我有一种奇怪的感觉，那就是它们本身会提示我它们的目的。我蹲在坟墓边缘，可以看到刚长出的那些幼嫩的叶片仿佛悬停在一个几近与大地平行的平面上。但也不完全平行，而是有一点倾斜。叶子构成的平面与地面成一定角度，正好朝向被云层遮蔽的太阳。

　　以一定的角度面向太阳，从而最大限度地进行光合作用。这是一个极为巧妙和复杂的化学现象。叶片中的叶绿素吸收太阳的光能，然后利用这种能量，将两种紧密结合在一起构成水分子的原子分离开来。随后，水分解所释放的能量被用于将二氧化碳转化为糖类，然后糖类为植物的生长提供燃料。这是一个神奇的过程，它滋养了所有的植物、所有的动物，还有我们所有人。在我书写的时候，我想起今早所见，瞬间觉得，我在这里写光合作用，还有铅笔在黄昏的渐暗光线下从纸上划过的沙沙声，都是光合作用在书写自己。

叶片的结构有利于光合作用。为了这个目的，它们在进化过程中被塑造和优化。这促使它们整齐有序。发生光合作用有三个条件：阳光、水和二氧化碳。拟南芥的叶片排成平面与光线垂直以便最大限度地吸收能量。叶片上层的细胞排列得密密匝匝，且富含叶绿素，处处与供水的导管相连。相反，叶片的下层为海绵状，存在许多气室（由下表皮中的许多气孔输送气体），从而将空气中的二氧化碳带进光合细胞。叶片的构造精巧，能将光合作用所需的东西有效地汇集在一起。生物学家常说，结构与功能相关。我前几天写到的"背面"转录因子，可以通过控制基因的活性来促使这种功能性结构形成。

3 月 12 日，星期五

夜间大雨

今天，我差点目睹了这棵植株的终结。我当时正在看坟墓边缘一片草叶上的雨滴。我看着雨滴闪耀着珍珠般的光泽，心里想着它们在光照下看起来多么坚硬，虽然我知道它们很柔软。这时我眼角的余光注意到什么动静。是一条蛞蝓。它正离开大理石矮墙的墙脚，缓缓地向着拟南芥爬去。它的身体长而黑，布满黏液。头部一对触角不断摆动、伸展、收缩。身体中段粗糙，像浮石一样有许多凹洞。尾端逐渐变细，表面有与身体平行的褶皱。这条蛞蝓正在稳步前行，它沿着植株爬上去，留下黏液的痕迹。我等了一会儿，然后看到了接触的时刻。它开始进食，先吃了一片较老的叶片。它的嘴从左移到右，再从右到左。它拉扯着叶片，发出刺耳的声音，叶片随之颤抖，前后晃动。然后蛞蝓停止进食，又开始爬，顺着之前的轨迹继续前进，直指莲座状叶丛的中心。这很危险。这株拟南芥再失去一些叶子也无所谓，但是分生组织受到伤害会很严重。在几秒钟之内，蛞蝓就来到一片较  嫩的叶片边缘，再次开始进食。它正在破坏我几分钟前想到过的结构。叶片的总体结构，不同类型的细胞。我看着这场毁灭，看着蛞蝓吃掉细胞的内容物：仅仅几秒钟前生成的糖类、细胞质中的蛋白质、叶肉。蛞蝓顺着叶片的形状，逐渐从顶端向基部咀嚼，向着莲座的中心挪动，越来越接近分生组织。

　　但突然间，它停止进食，开始向另一个方向爬。数秒钟前看起来确定无疑的事，意外出现了反转，这令我感到惊讶。它在新的道路上渐行渐远，很快就来到这个小宇宙的边缘。它离开了，其他植物毫发无损。我看着它离开，不由自主地颤抖起来。

　　为什么我没有杀死那条蛞蝓？回想起来，杀死它似乎是理所当然的事。但是，大约20分钟的时间里，当我看着它时，我觉得我无法介入。虽然我想这样做，但这样有悖于博物学精神。如果我干预了生命的进程，我又怎能准确地描述这个进程呢？如果我的日记要反映真实的生命，我怎么能让天平倾向于某一方呢？

　　我迅速地检查了受损情况。一片老叶被啃了：它的末端布满小洞，小洞周围是坚硬的导管，蚀刻的纹路告诉我们叶片先前的样子。一片嫩叶被一直啃到了叶柄，只剩下一些锯齿状的叶片。我心有余悸地离开了，感觉目睹了一次重大事件：能量从一种生命形式流向另一种生命形式。

然后，我去惠特芬的湖泊看了三月灰色的天空和大地上褐色的景观。还有浅黄褐色的芦苇，干枯而瘦削的样子。四处寂静无声。鸟儿飞过。天很冷。盼望春天。

3月13日，星期六

对DNA的反思

春天即将来临，让人感到兴奋。一开始，早上有些阴沉。后来，天光普照，偶尔有黑色的阵雨云飘过。天气比前几天更暖和。到了下午，好像仅仅过去几个小时，春天就来了。在窗外的橡树上，枝稍的芽以几乎肉眼可见的速度膨大起来。

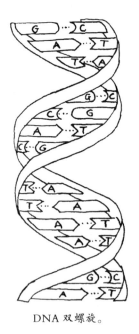

DNA 双螺旋。

我乘公交穿过市区，经过市中心星期六购物的人群。我突然间觉得很奇怪，在日复一日的生活中，我们都不太明白为什么我们会在这里，为什么会存在这样的城市景观和离它不远的树木和田野。我们总是想知道我们存在的本质，并围绕各种相关的解释创立了种种神话。现在我们虽然多少知道了一些，但并不真正了解。

当然，我的意思是，我们在这里是因为DNA的分子属性，而DNA是组成基因的物质。DNA是两条彼此缠绕的分子链，即双螺旋结构。每一条链包含四种碱基（写作A、G、C、T），成千上万个这样的碱基排列成

GATCGTGTTAACT，诸如此类，起初看来似乎是随机的。用手指在草图上找到这些字母。两条链互为镜像，形状互补、碱基相配的总是成对出现。G 与 C 配对，A 与 T 配对，所以第二条链上的排列为 CTAGCACAATTGA，一条链的序列与另一条密切吻合。我们为什么不把这种知识与我们在这里的原因联系起来呢？我们是否觉得这样的知识太过遥远？

后来，我去科尔盖特圣乔治教堂听了一场音乐会。室内不加修饰，十分俭朴。很冷。演奏的是巴赫的康塔塔[*]，其中有一首《耶稣，人们仰望喜悦》，非常动听。小号闪耀着光芒，乐声悠扬，飘荡在乐队上空。我很喜欢这首曲子的感觉。一个有着归属感的人（巴赫），他的信心源于他知道如何在这个世界找到自己的位置。这当然是一个统一的视角。我觉得我目前就缺乏这一点。也许科学使我们的视角更准确，但同时又使它支离破碎？

3 月 14 日，星期天

前往圣玛丽教堂。又是温暖的一天，我起得早，骑车骑得很快。我用力踩脚踏板，汗水流到胸前又痒又疼。

上次看过之后，这棵植株并没有遭受进一步的破坏。我驻足休息，喘口气，愉快地俯视着这棵植株和它的邻居。叶片上蛞蝓啃食后的残迹依然很明显。其他叶片安然无恙。

事实上，现在这棵植株比以前更安全了。我蹲下身来，细看那些

---

[*] Cantata，意大利语，意译为清唱套曲。为多乐章的大型声乐套曲。

被吃过的叶片。那些断口现在变成了褐色，摸起来有角质的硬度，跟以前不一样了。这标志着分子的变化。新的细胞壁产生了，新旧细胞壁都被加固了。这能防止蒸发，同时保护细胞免受细菌或真菌孢子感染。但也可能有某些传染性微生物在创口完全愈合前进入了植物体内。这留待时间来证明。

另外还有一层防线。实际上，啮食使这棵拟南芥比以前更安全了。被蛞蝓光顾后，这棵植株已经"免疫"了。它感知到咀嚼——就好像有感觉一样——，然后把信号发送给被啃咬的叶片的细胞核。这些信号会使负责编码具有特定属性的蛋白质的基因活性增强，由此造成这些蛋白质的累积。这些特定的蛋白质抑制酶的活性。事实上，它们抑制某类消化蛋白质的酶的作用。它们抑制蛞蝓的肠道消化酶。

那么蛞蝓突然改变路线放过拟南芥，是因为消化不良吗？有可能。虽然在蛞蝓开始进食之后出现这种情况，似乎太快了。也许蛞蝓只是更喜欢其他种类的叶片的味道。尽管如此，抑制剂的累积保护了那片叶片（至少是其仅剩的部分）免受更多攻击。

还有一件更不同寻常的事。不仅是被咀嚼的叶片受到了影响，这棵植株现在已经得到了全面保护。因受到蛞蝓咀嚼而释放的第一批信号，导致更多分子信号产生。第二批信号进入植株的导管里。一旦进入，就通过枝干进入其他叶片。进入那些没有被蛞蝓破坏的完整的叶片中。这些叶片现在也开始累积抑制剂。一旦有一片叶片被吃掉，全株都会得到保护。所以，当我看着这棵植株，我知道它的整体构成已经被蛞蝓的攻击所改变。现在它的整体防御能力都比之前更强了。

蛞蝓的攻击激发了更强的防御。这显示了生物的反应能力，显示了演进变化促使生物体适应环境的力量。在过去的几天里，我常常想起这棵拟南芥，仿佛它是一台由许多部件组成的高度复杂的机器。只要有刺激，这台机器就会做出反应。有一天我们会完全了解植物的生物学原理，就像了解一个精美繁复的时钟的滴答声和其背后的机制。这是一幅令人愉快的画面。但同时我也隐约有点担忧这个画面过于简单、容易。世界上有许多方面，例如天气，永远无法用这样确凿无疑的方式来解释。

好了。今天只是来墓地匆忙一顾。我还有其他事要做。我得回家了。我转身走向自行车，把一块巧克力放进嘴里，看着墙上发亮的燧石。脑子里突然想到点什么。似乎找到了一个更安全的地方。风暴中的港口；一个庇护所。这个博物志已经让我融入其中。我在乎它。当我离开时，我看到人们开始聚集到教堂里做早祷。

3 月 15 日，星期一

春天终于来了。在过去的一天里，一股温暖湿润的西南风吹来了春的气息。到处都是逐渐膨大的芽。绿色在温暖中蔓延。樱花树上有白色的花朵，有些被风吹落了，在风中飞舞。甜美的花香顿时散发开来。

有一种深深的解脱感。在融融暖意中漫步，感受吹动衣袖的轻风，无需再贪恋毛衣或外套的温暖。感觉自己几乎成了一小片蓝天。然而我突然意识到，我想在日记中加入一个新的主题。我还没有为我们实验室的研究找到前进的方向。我希望增加这个新主题能让我看到下一步该往哪里去。我的计划是写一写我们小组近期所做的研究。

我们研究生长，植物的生长。我一直很喜欢这种现象，一直想了

拟南芥正常植株与
gai 突变植株的对比。

gai 突变植株

正常植株

解它。尽管真正的目标——至少对我而言——
并不仅仅是加深理解，也不是承诺将来有什么
实际作用。我觉得理解让我更接近自然，这是
我的动力源泉。理解与崇敬之间存在关联——
虽然这样写似乎有点幼稚。我希望能找到更好
的表达方式。

我们研究组运用遗传学的逻辑来研究植物
的生长。这个逻辑的原理如下：我们调查突变
植株，即生长不正常的植株的生长。突变植株
不能正常生长，是因为一种使它们正常生长的
基因不能正常发挥作用。研究突变体使我们能
够推导出正常基因的功能。

有一个重要的例子。大约 15 年前，我对
一个携带名为 *gai* 的突变基因的拟南芥品系产生了特殊的兴趣。这个
品系的特点是矮化。与携带正常基因的品系相比，突变品系为深绿色，
茎短而叶小。它之所以矮化，是因为细胞增殖，也就是细胞连续膨大

种子的自我修养

和分裂的速度减慢了。在当时看来，正常基因编码的蛋白质很可能通过控制细胞增殖的速度来影响生长。

另一个影响植物生长的是一种名为赤霉素的激素。赤霉素的名字来自一种名叫赤霉菌的真菌，这种真菌能产生大量赤霉素。正常植株长得较高，是因为它们能制造足够的赤霉素生长激素，以维持正常生长。而某些种类的突变植株矮化是由于没有能力制造足够的激素。这些赤霉素不足的突变植株与 *gai* 突变植株看起来十分相似。但 *gai* 突变植株并不缺乏赤霉素。相反，*gai* 突变植株能制造赤霉素，它们矮化是由于它们的细胞对赤霉素的反应能力减弱了。

所以我们知道 *gai* 突变影响生长，而且是通过改变植物细胞对赤霉素的反应来实现的。我们不知道的是正常基因及其编码的蛋白质的性质，或者说不知道当基因突变为 *gai* 型时，它是如何改变植物细胞对激素的反应。为了解决这些问题，我们需要从 *gai* 突变植株中分离出突变的基因。

3 月 16 日，星期二

开花

今早依旧温暖。风吹着云迅速飘远。我迎着风骑车去圣玛丽教堂，感觉很累。但当我到那里时，我发现墓地里的榕毛茛已经开得黄灿灿。鸟儿在欧洲七叶树上跳跃。春花的形象印在了我的大脑里。我今早在想，今天拟南芥会开花吗？我跪在地上，把指尖伸进莲座叶丛的顶部。你可以通过感觉茎的顶端来判断拟南芥植株何时开花。远在能看到花蕾之前，你就可以摸到凹凸不平的地方。花蕾的尖会刮擦指尖的皮肤。

但是我今天感觉很平滑。

　　当然，远在花蕾显现之前，植株就已经决定了何时开花。那么，它今天会不会做出这个决定呢？今天按下最后一个开关？植株需要按下一连串开关才能进入其生命周期的下一个阶段，这只是其中一个。经过一个冬天，外层的叶子已经残破不堪，还留着被饥饿的蛞蝓啃咬过的洞，这棵植株今天会变成即将开花的植株吗？如果是的话，它现在注定要产生花和叶及根，而此前它只需要产生叶和根。莲座叶丛中央很快会长出一根茎，让花朵在空中开放。

　　向开花过渡始于分生组织细胞，即地上部分生长点的细胞球的转变。随着转变发生，分生组织不再是营养分生组织，而成为花序分生组织。正如营养分生组织使凸起在自身周围螺旋生长，花序分生组织产生螺旋生长的花。这种身份的变化是植株的内部因素和外部因素共同造成的。在植株的细胞内部，基因被激活后诱发花序分生组织形成。这些基因编码转录因子，也就是能激活其他基因的蛋白质。其他基因被激活后，它们编码的蛋白质转而一起将营养分生组织变为花序分生组织。我们通过研究阻止形成花序分生组织的基因运行产生的突变效应得知了这一点。例如，如果一棵突变植株携带的这类基因中一种叫作 LEAFY 的基因不能运转，那么到了该产生花的时候，它会继续产生叶片。突变体未能完成过渡：营养分生组织没有变成花序分生组织，因为这种转变需要正常情况下由 LEAFY 激活的其他基因的作用。

　　LEAFY 是植株的内部因素。但最终激活 LEAFY 的是植株外面的世界。事实上，我越想就越好奇，植株内部和外部的东西是否真的如此不同；将植物视为一个单独的实体，是否只是为了便于理解而建构出来的，目的在于让我们能够在一种意义模式的背景下看待我们所见的东西，但这毕竟是一种人为的解释。

3月17日，星期三

外界如何控制 *LEAFY*

LEAFY 的活性取决于光照和温度的变化，而这些是随季节变化的。去年秋天，当拟南芥植株产生莲座状叶丛，并在冬季持续生长时，另一种开花控制基因 *Flowering Locus C*（*FLC*）基因被激活了。*FLC* 编码蛋白质 FLC。FLC 是开花抑制物，通过阻碍 *LEAFY* 激活来阻止营养分生组织变为花序状态。只要 FLC 存在，就无法产生 *LEAFY* mRNA，从而阻止 LEAFY 转录因子蛋白质形成，进而阻止开花。*FLC* 的激活阻止了拟南芥植株在不宜开花的冬季开花。

FLC 本身是被另一种蛋白质激活的，这是一种由 *FRIGIDA* 基因编码的蛋白质。*FRIGIDA* mRNA 的水平是受时间和温度控制的。植株会评估暴露于寒冷中的时长。暴露时间越长，*FRIGIDA* mRNA 水平越低。因此，到了冬末，植株的 *FRIGIDA* mRNA 水平变得非常低。这个系统有一个巧妙的特性，即使天气变暖，植株也能记住它经历过寒冷。这种记忆可以防止 *FRIGIDA* mRNA 水平再次升高。当 *FRIGIDA* mRNA 水平下降，FLC 的活性也会减弱，*LEAFY* 不再受到抑制，就会促进植株开花。所以现在我想知道，在这个 3 月中旬的日子，或者早在过去的几周里，*FRIGIDA* mRNA 的水平是否一直很低，使拟南芥植株的 FLC 水平降至不足以阻止开花。

长时间的寒冷 —— |FRI → FLC —|LEAFY → 开花

严寒期如何促进开花。长时间的寒冷会抑制 *FRIGIDA* mRNA，即 *FRI*。由于 *FRI* 促进 *FLC*，所以长时间的寒冷抑制 *FLC*。由于 *FLC* 抑制 *LEAFY*，寒冷对 *FLC* 的冷抑制促进 *LEAFY*。*LEAFY* 的增加促进开花。

但是，在植物真正开花之前，还有更多的事情要做。去除 FLC 对于激活 *LEAFY* 和启动开花程序是必需的。但是还不够，还有下一步。

3 月 18 日，星期四

白昼时间如何触发开花

为了进行开花前的下一步，植物需要刺激。需要一种专门激活 *LEAFY* 的东西，而非仅仅去除阻碍激活的障碍。会不会就在今天，那个开关终于因白昼时间变长而被打开？

其实这下一个开关的原理很像 *FRIGIDA*-FLC 的开关。由内部和外部因素共同作用。这次内部因素也是一种转录因子，一种起到基因调控作用的蛋白质。这种蛋白质由 *CONSTANS* 基因编码，之所以叫 *CONSTANS**是因为这种基因的突变能使植物不受白昼时长影响而在大致相同的株龄开花。墓地上的那棵正常的拟南芥植株，就不会出现这种情况。它利用 *CONSTANS*，使其在春夏的长日照期开花，而非在冬季的短日照期开花。

CONSTANS 的表达由内部的生物钟控制。这种机制使植物能够测量时间，标记 24 小时的周期，并在黎明时重设。*CONSTANS*

---

* Constans，拉丁语形容词，意思是"坚定的"。

mRNA 的水平在黎明时很低，白天逐渐增加。今年春天，由于白天延长，所以每个黄昏 *CONSTANS* mRNA 水平越来越高。在夜间，含量水平保持稳定，但在黎明时又降至起始水平。这种波动反映在由这种 mRNA 编码的 CONSTANS 蛋白的水平上。但黄昏的水平本身不足以触发开花机制。CONSTANS 需要光照激活。植物通过作为光受体的光敏蛋白的作用探测到光。这些光受体吸收光后，启动一系列事件导致 CONSTANS 被激活。一旦有足够的 CONSTANS 被激活，*LEAFY* 基因被激活，分生组织就会由营养分生组织转变为花序分生组织。植物开花由两种独立的东西共同诱发：有足够长的白天以便产生充足的 CONSTANS，还要存在激活它所需的光。

最后的开关就是这样被打开的。然后，这株拟南芥将跨过这道坎。一切都将改变。是的，随着侧面按一定间隔产生的细胞增生，茎尖的分生组织会继续产生凸起。是的，这些凸起仍是螺旋状排列。但是，完成过渡后，它们将是不同的凸起，它们注定要成为花的分生组织，而不是叶片。这里印证了常说的一句话，即大自然通过修改之前存在的事物来进行构建。很少有什么是全新的。花和枝条同出一脉。

当然，植物在正确的季节开花是很重要的。前三篇日记的主旨是，每棵植株都会发现其所属的世界的变化，并做出反应。它通过基因控制层级来实施，即某些基因控制其他基因。现在，"某些基因控制其他基因"要变成反复念叨的词语了。

3 月 19 日，星期五

第一次 *gai* 基因实验

今早春光明媚。上班的路上，我听到树林里有一只啄木鸟跳跃和啄树干的声音。

再来说 *gai* 基因及其克隆方式。我们花了许多年才克隆出这个基因。长年的辛劳，但是非常值得。突变型的名字写作 *gai*，正常型写作 *GAI*。突变型形成矮化植株。不过这里还有另一个惯例。正常型（*GAI*）写成大写字母，突变型（*gai*）写成小写字母。而且，如前所述，基因根据突变型命名，描述的是当这种基因无法正常运行时的情形。

gai 的一个特性是它是显性遗传的（稍后再讨论显性遗传）。拟南芥是一种"二倍体"。就是说，它的每个细胞都含有两个基因组，一个来自母系，一个来自父系。所以拟南芥的细胞含有基因的两个副本，每个亲本提供一个副本。含有两个 *GAI* 型副本的植株长得高；含有两个 *gai* 型副本的植株长得矮小；含有一个 *GAI* 和一个 *gai* 的植株也长得矮小，但没有携带两个 *gai* 副本的植株那么矮小。事实上，只携带一个 *gai* 副本的植株没有携带两个 *gai* 副本的植株那么矮小，是我们第一个真正意义上的实验的关键所在。我接下来会讲到这一点。

最常见的基因突变会使基因完全无法运转。基因严重受损，因此不再起作用。这些突变通常具有所谓"隐性的"遗传特性，与前面提及的"显性的"相反。"显性"和"隐性"的意思可以这样来理解：通常，含有一个正常型基因副本和一个丧失功能的突变型基因副本的植株看起来是正常，那么我们就说突变基因的作用是隐性的。相反，对显性突变基因来说，不论是否存在正常型基因，它都能表现出其作用。这样的显性突变不太可能是简单的破坏，即突变型不再起作用造成的。我们观察到的 *gai* 基因正是这种显性基因。所以我们猜测，*gai* 型不单单是一种丧失功能的基因。我们猜想也许 *gai* 仍然产生一种蛋白质，但是这种蛋白质运转的方式发生了某种细微的变化——在控制植株生长方面的变化——根据这个假设，*gai* 是一个改变了功能的基因，而不是被破坏的基因。

要检验这个假设，就需要寻找该基因再次变化的突变体。我们做了一个预测：如果我们使改变了功能的 *gai* 突变体再次突变，就能完全破坏它。结果是，这个被破坏的基因，不会产生变化的蛋白质，而是不产生任何蛋白质。这种破坏可以通过它对生长的作用看出来。

怎样才能改变一个基因的结构？在你根本不知道它是什么，只能从它对植物生长的影响来推断其存在的情况下？实际上，这件事遗传学家已经做了许多年——利用诱变剂，就是一些改变 DNA 结构的试剂。这些试剂会较为随机地影响基因组中的一些基因。为了找到突变体，你需要在处理过的生物体（或其后代）中找到与其他个体不同的罕见个体。这种不同可能与基因结构的改变有关。

在基因已经被具体化为 DNA 片段的现在看来，这些早期的遗传学家能通过以这种方式进行突变实验深入地揭示基因的结构和功能，是令人震惊的。事实上，这些前 DNA 时代的遗传学家能够达到这样的认识深度，有赖于强大的观察力和想象力。他们对染色体（我们现在知道是 DNA 链）上的基因排序以及基因编码酶（蛋白质）、基因活性和染色体上从一个位点移动到另一个位点的基因，都有深刻的理解。

这就是我们的第一个实验。它根植于经典的实验，在文化上属于前遗传学的一部分，并基于一个预测，从"如果……将会怎样"的假想踏入未知的世界。这个预测就是，*gai* 是一种被改变的基因，它会产生被改变的蛋白质。被改变的蛋白质阻碍植物的生长。如果我们破坏*gai*，那么我们可以猜测，携带这个刚被破坏的基因型的植物会长高，而不是变矮。

实验一开始，我们将 6 万粒种子暴露于伽马射线中，这些种子的胚胎细胞中都含有两个突变 *gai* 基因的副本。高能的伽马射线诱变能力很强，它与 DNA 碰撞时会破坏 DNA。这 6 万个胚胎中的每一个胚胎以及每一个细胞、每一个基因都可能成为这种破坏的目标。我记得我还想过，种子在处理之后跟之前看起来还是一样，真奇怪。尽管如此，在种子内部，在构成基因的 DNA 分子水平上，它们已经发生了本质的变化。

我们种下那 6 万粒种子，等它们萌发。但萌发是个缓慢的过程。辐射剂量很难把握，而且种子对辐射的敏感度随含水量而变化，这是难以估摸的。太大的辐射剂量会彻底杀死种子。我们的剂量是否合适？也许这些种子都死了。

但最终，它们萌发了。萌发后，受损的幼苗表现出典型的辐射损伤症状，它们出叶减慢，而且叶片形状扭曲。许多幼苗在这个阶段死掉了。但多数还在继续生长。

从最初萌发到幼苗成形，在这段奋力求存的时间里，发生了什么？正如我 2 月 29 日所写的那样，叶片的细胞来自茎尖分生组织的细胞。但是这些幼苗的分生细胞受到了伽马射线的撞击，因此 DNA 受损。

　　　　　　　　　　　　　　　种子的自我修养

其中一些细胞遭受的破坏足以令其死亡，但其他细胞没有受到如此严重的影响。细胞具有修复受损 DNA 的能力，虽然有时这种修复并不完全，而且会延续 DNA 序列的变化。

从分生组织切取切片的经典实验表明，分生组织具有神奇的再生能力。即使仅由几个细胞组成的小部分分生组织，也能再生出新的完整的分生组织。因此，在我们的实验中，延迟出苗也许对应于一段重建期。活细胞和半活细胞在其自身和后代的基础上重建分生组织，取代那些被辐射彻底杀死的细胞。

渐渐地，受损的分生组织里再次充满了活细胞。这些活细胞将成为植株地上部分的来源。我们知道这些细胞将要构建的植物体有一个惊人之处，即整个植物体的绝大部分，包括完整的茎、枝、叶和花，追根究底，都来自分生组织中的一个细胞。我们可以将地上部分看作由几个组织分区拼成的拼图，组成每个分区的细胞都是分生组织中一个初始细胞通过细胞增殖产生的后代。这个事实是我们的实验成功的关键。

每粒种子里都有一个胚状体。在我们的实验中，6 万粒种子包含 6 万个胚胎。由于约 3 万个基因（拟南芥基因组中的基因总数）的目标非常大，因此任何一个基因（我们这里指 gai）被辐射破坏的概率不高。但想象一下，在 6 万个胚胎中有一个胚胎的一两百个分生细胞之一的一个 gai 基因被辐射破坏了——我们称这个基因为 gai-d，d 表示"受损"——使这个细胞携带一个 gai 的副本和一个 gai-d 的副本。现在再想象一下，这个细胞注定要成为一个大分区的奠基细胞，而这个分区将形成生长中的地上部分的一个重要部分。我们可以预测在这个分区里生长的茎和叶是什么样子。我们已经知道，含有两个正常

gai 副本的细胞，生长和增殖都比仅含一个 gai 副本的细胞慢，由此可以猜测，在我们的实验中含有 gai 和 gai-d 的茎会比其他（含有两个 gai 副本）的茎长得更高。

更高的茎，这正是我们期盼的。我们每天去温室看植株的长势。我对它们的生长速度感到既兴奋又急躁。然后我们找到了一些，有13 条茎似乎比其他茎长得高。60 万中的 13 条！太费眼力了，起初往往无法确定。就像看冲洗照片一样。一开始我们会想是不是看到了什么。我们会内部讨论：也许这条比其他要高一点，也许不是。第二天，我们可能开始动摇，觉得差异没有那么明显。但随着时间推移，植株继续生长，我们越来越笃定。我们排除了一些错误的选择，选定了 13 条茎。

到目前为止一切顺利。但是，我们还不能真正确认这些较高的茎与 gai 的突变有任何关联。我们观察到的只是某些植株的暂时现象。这种生长变化能否传递给后代？我们能否说服自己，我们所见到的与 gai 有关，而与植株的另外 3 万个基因无关？这些问题有待更多的实验来解答。

这 13 条茎上有花，我们让这些花自花授粉。问题是：我们猜测的高茎植株细胞中存在的 gai-d 基因能否通过精子和卵细胞传递给下一代植株？根据基础遗传学的预测，在含有 gai 和 gai-d 的高茎上的花，自花授粉产生的种子将含有 gai / gai、gai / gai-d 和 gai-d / gai-d 的胚胎，且比例为 1:2:1（孟德尔在其经典的豌豆实验中首次描述的比例）。我们是否会看到这些高茎植株的子代中间不同类型的分布比例与预测相符呢？

种子的自我修养

结果令人振奋。13 棵高茎植株中有 4 棵的子代家系表现正如我们预测的那样。我清楚地记得第一眼看到这个结果的情景，好像就在今早一样。我们测试的第一个家系包含 21 棵植株：5 棵矮小且呈深绿色（正是由携带两个 gai 副本的细胞构成的植株应有的样子），11 棵长得就像仅携带一个 gai 副本的植株，而最令人兴奋的是，有 5 棵植株长得像正常植株一样高（尽管它们并不正常，而是携带了两个 gai-d 副本）。比例为 5∶11∶5，大约是 1∶2∶1。

现在，在这件事过去十多年后，当我写下这些时，仍能感受到当时的激动。对世界做出预测，检验这个预测，并发现结果与预测相符，的确会让人欣喜若狂。更何况，我们还对植物的生长有了一些新的认识。我们可以构建一个符合我们的研究发现的遗传场景。首先，实验表明正常植株含有一种基因（GAI），它能控制生长，因为它编码的生长调节蛋白（GAI）能对赤霉素做出反应。其次，这个基因的突变型 gai 编码的突变蛋白（gai），由于特性发生了改变，不再对赤霉素敏感。最后，正如我们现在所展现的，gai 可以再次变异。由此形成了 gai-d，这种新的基因型不发挥作用，而不是功能被改变。gai-d 型使植株长高，看起来像正常植株一样（就像含有初始 GAI 型基因的植株）。

这是通向我们目前对 DELLA 的认识的第一步，现在我们知道 DELLA 是对调控植物生长至关重要的蛋白质家族。迄今为止 DELLA 一直是我们的工作重点。但说到这里我有点超前了。现在最重要的是要强调，这第一步也提供了一把钥匙、一个入口，来解决分离 GAI 基因的问题。如何将它分离出来，将它从拟南芥基因组包含的 3 万个基因中克隆出来。要找到它，无异于大海捞针。

以这第一步为起点，我们最终了解了所有植物的生长，而不仅仅是拟南芥的生长；包括我书房窗外的橡树、圣玛丽教堂的欧洲七叶树、沼泽地的芦苇。但为什么我觉得这最后几句话有些拙劣呢？这些话几乎可以肯定是真的。这关乎凡事要求精确的科学文化，这种文化抑制将一个事物和其他事物联系起来的思想跳跃。我们已知与GAI类似的蛋白质是许多不同种类的植物生长的关键调节剂，但没有正式证实这些蛋白质能调节芦苇和橡树的生长。不过，就这个问题而言，肯定比否定的可能性要大得多。

3月20日，星期六

根的结构

黎明前，杰克把我叫醒。他说觉得不舒服。幸好只是一会儿，他很快就好起来了。我把他抱回床上，他很快又入睡了。但现在我睡不着了，只好看着天亮起来。光慢慢地回来了，我睁着刺痛的双眼，看见天边出现微光的迹象，上方的天空染成了粉红色。然后有什么东西吸引了我的注意力。树篱上一只麻雀突然叽叽喳喳地叫了起来，然后是宁静的间隙。叽叽喳喳。宁静。停止。然后又叫起来了。这次是另一只，声音更轻，更远。也许来自橡树那边。然后，我听到灌木丛里传来乌鸫的第一声鸣唱，很快从花园的其他地方传来了一声应和。然后又是一声，还有一直作为背景声存在的尖利的唧唧声和颤鸣声，也从一片寂静中冒了出来，绵延不绝。鸟鸣声渐强，各种声音交织在一起，几分钟后，我就被一片嘈杂淹没，乌鸫的吟唱和应和像小号声一样，格外突出。

在这高低起伏的交响曲中，我意识到在拟南芥的故事里，我遗漏了一些东西。在我为地上部分从营养状态转为开花状态而兴奋时，我忘了讲述根部的故事。

也许这种遗漏并不意外。毕竟，根位于空气和土壤分界线的另一边，也就是黑暗的那一边。我们都能看到树木的树干和树枝，但看不到地下的树根。

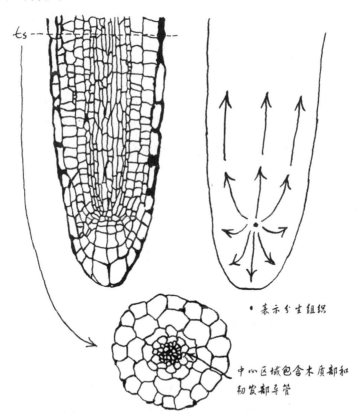

拟南芥幼苗根部纵切面（上左），细胞离开根部分生组织的路径示意图（上右），以及横截面（下）。

我穿上衣服，又去了墓地边上。我想象除了地上所见的，地下现在正在发生什么。想象那些根。在植株的整个生命周期中，根部一直在生长，轻轻地穿过土壤，在土壤中的岩石颗粒之间穿行。现在根的顶端可能已经达到一英尺深，或者更深，但不太可能触及更深处掩埋的骨殖。

我来写一写根的空间几何形状。根是圆柱形器官。首先是纵向维度，即长轴。根的顶端是分生组织，是构成根的所有细胞的来源。在分生组织上面的区域，细胞变长，开始获得各种细胞身份。

当然，根的生长和地上部分有相似之处。根就像地上部分一样，通过在顶端附近的分生组织中产生新细胞而生长。细胞被推出分生组织后，就形成了根部的轴。轴内细胞扩张和分裂的力推动根的顶端在土壤中延伸。细胞在分裂、变长的过程中分化出来，各自获得不同的身份。

其次，根的横截面显示它是辐射对称的。它是一个圆柱体，为细胞组成的同心层结构。正中心的木质部导管细胞能使根部吸收的水分向上流向地上部分，而韧皮部细胞能使糖类和其他营养物质从地上部分向下流向根部。

3月21日，星期天

GAI 的克隆

大斋期的第四个星期天。夜间风雨大作，今天早上仍在继续。我们怎么看待雨？是一张掉落的毯子，点的集合，许多具有表面和中心的单个球体（自成一体的小世界），还是 H_2O 分子的聚合体？我们

　　　　　　　　　　　　　种子的自我修养

如何将这些看法融为一体？

今天天气暖和。强劲的西风让树木不停晃动，时而呼啸，时而鸣咽。自大西洋而来的暖湿空气，让人感觉能量极大。树木被挤压成各种形状。令人心潮澎湃。

花园里，许多植物已经开花或吐蕾：报春花、肺草、洋水仙、水仙花、风信子，还有第一批勿忘草，都在大风中微笑。黄杨树篱已经开始长出我所钟爱的浅绿色新叶，它们在去年生长的深绿色叶片的衬托下格外惹眼。

榛子树的芽逐渐膨大。它们长在细枝的顶端或沿着细枝间隔分布，包裹在整齐交叠的芽鳞片里。我会在接下来的几天里对它们进行研究。

继续说克隆 *gai* 的故事。我们已经表明，我们有可能破坏 *gai* 基因，并且可以觉察到这种损坏。不是因为我们可以看到这个基因，或者看到它的毁灭，而是因为我们能够看到它被破坏后的结果。携带 *gai* 的植株矮小，而携带受损型 *gai-d* 基因的植株高大。通过推断即可察觉。

正是这种简单的观察开辟了一条道路，让我们分离出 *GAI*，即确认一段拟南芥 DNA 为 *GAI* 基因。我们想分离出 *GAI*，是因为我们认为将它分离将使我们更清晰地看到，它编码的蛋白质（GAI）如何控制植物的生长，以及突变的 gai 蛋白如何减慢细胞的增殖并使植株矮化。

但是其中的问题十分可怕。拟南芥 DNA 中约有 3 万个基因，每个基因只是巨大的 DNA 上的一小段，彼此非常相似。没有任何依据可以清楚地区分彼此。那么，我们怎样才能找到那三万分之一的 *GAI* 呢？

我们意识到有一个可能的前进方向——先前有人用来分离基因的一个途径。但我们知道这个方法不可靠，也不一定奏效，其效果因追踪的特定基因而异。采取这种做法是有风险的。

　　科学家称这种方法为"转座子标签"。其中要用到一小段被称作转座子的DNA。转座子的特性十分惊人，它们会从一个较大的DNA分子（比如整条染色体）中的一个地方跳到另一个地方。它们能将自己插入到其他DNA分子中，扰乱原始的DNA序列。

　　这种插入会导致基因突变。如果转座子插入基因中，它就可以破坏基因的功能。这种诱变能力是利用转座子分离 *GAI* 的关键。我们已经表明，伽马射线对 *gai* 的干扰会导致植株长高，而不矮化。我们现在能否通过插入转座子，而不是通过辐射导致损伤，来使植株突变，从而复制这个发现呢？如果可行，那么这种插入就可以让我们分离出基因，因为转座子本身的DNA已经被分离出来了。转座子插入 *gai*，将为 *gai* "贴上标签"，使得分离 *GAI* 成为可能。

　　但这行得通吗？我们认为，有可能。但是，也可能不行。这一过程中有许多潜在的问题。这个想法令人兴奋，但几乎可以肯定少不了挫折。也许最后我们会发现此路不通，走了好几年，却看不到在终点竖着一堵阻拦我们抵达心中目的地的高墙。

　　我们就这样既兴奋又惶恐地开始了这场冒险。转座子一般会插入与起跳点相近的另一个位点。所以我们选择了一棵植株，我们已知它携带的转座子离 *gai* 只有很短的距离。转座子的跳跃是由一种名叫转座酶的酶驱动的，这种酶促使转座子从原来的位点切离（跳出），插入（跳入）新的位点。整个过程就像让一名弓箭手蒙上双眼，他对靶子的位置只有模糊的概念，却要射中靶心。尽管我们让弓箭手离靶子很近，以此来增加射中靶心的概率，但可以想见，大多数时候弓箭手都无法射中靶心。

我们再次筛选了数千株 *gai* / *gai* 植株，寻找其中的高茎植株，即仅携带一个 *gai* 副本，以及一种新型副本，也就是我们所谓的 *gai-t*（*t* 表示"转座子插入"）的茎。当这些高茎的花自花授粉后，我们猜想会有 1/4 的子代是正常的高大植株（非矮化的）。这些高茎植株将包含两个 *gai-t* 的副本。

一开始，我们所见到的情形使我们信心大增。我们找到了高茎。每一株都代表一个独立的诱变事件，每一株都有可能是我们寻找的目标。更理想的是，当我们种下这些茎的子代，得到了四个不同的家系，其中大约有 1/4 高大的植株，这些植株细胞中可能携带 *gai-t* 基因。我们乐观地对这些潜在的突变基因从 *gai-t1* 到 *gai-t4* 做了标记。

但随后问题开始出现。我们下一步是确定假定的这些新的 *gai-t* 植株的 DNA 是否携带跳到新位置上的转座子——正如转座子插入 *gai* 中的情形。但是我们没有看到任何不同。假定的 *gai-t* 植株没有一棵携带了跳到新位置的转座子。

事实上，我们一直很清楚会发生这种情况。已经有现成的解释。在我们做这些实验的时候，拟南芥转座子标签还是一项不成熟的技术。例如，我们不知道将转座子插入靶基因的最佳转座酶活性水平。但我们知道，转座酶水平太高可能会有问题。如果转座酶过于活跃，就可能导致转座子刚跳进一个基因，马上又从其中跳出。每次发生这种情况，都有可能对基因造成残留损伤。我们猜测，此前就发生了这样的事。转座子撞击了 *gai* 并将其损坏，然后又离开了。*gai* 基因受损，导致含 *gai* 基因的植株长得高，没有矮化。但是因为转座子不见了，所以这个基因没有标记，我们也无法分离它。

我们受挫了。如果我们用的转座酶来源反应不是那么激烈，该有多好！当然我们还可以再尝试。但是我们无法确定转座酶来源的能量，这是目前阻碍我们继续采用这个方法的问题根源。这意味着几乎要退回起点。几个月的工作都白费了。接下来的几个月也没有成功的把握。

当然，我们再次尝试了。用了较弱的转座酶来源。除此以外，我们什么都做不了。这次，我们只分离出了两株高茎，而这次筛选的植株比上一次还要多几千株。我们认为这样做是有道理的。转座酶越少，转座越少，事件越少。这两棵突变植株都产生了下一代，有 1/4 的子代为高茎植物。我们将这些突变植株称为 *gai-t5* 和 *gai-t6*。

我们先检查了 *gai-t5* 的 DNA，几乎没抱任何希望。结果是：再次受挫。又没有发现转座子。由于思想越来越悲观，我们差点就放弃了 *gai-t6*。我们认为它只会再次重复之前的悲剧。但这次我们错了。我们最后一次努力，在 *gai-t6* 中搜寻转座后的转座子。我们找到了一个！当我第一眼看到这个结果，我觉得我们已经跨过一道门槛，进入了一个有着全新可能性的世界。这是一个突破的时刻。*gai-t6* 植株中的 *gai* 已失活，而且含有一个插入到了新位点的转座子。

在几秒钟之内，喜悦取代了挫折。现在我们的胜算很大，而且我们深知这一点。但首先我们必须说服自己，我们确实标记了 *gai* 基因。到目前为止，我们只知道我们得到了一棵植株，其中的 *gai* 有可能已失活（植株很高，没有矮化），并且该植株含有一个发生了转座和重新插入的转座子。这个转座子可以插入到拟南芥整个基因组中的任何地方。我们无法证明 gai 的失活是由转座子的重新插入造成的，也没有任何迹象表明转座子插到了 gai 中。

因此我们使用了一种技术，可以从精确的 DNA 区域中纯化出转座子最新插入的 DNA 区域，并获得这段 DNA 的序列。通过扫描，我们就能发现序列中的一段具有编码蛋白质的 DNA 应有的特征［所谓"开放阅读框（open reading frame）"的一部分，我稍后会解释］。此外，在 gai-t6 植株中，转座子的插入扰乱了该开放阅读框。十分鼓舞人心。我们很兴奋，充满希望，非常快乐。这些新的结果表明，gai-t6 品系中重新插入的转座子扰乱了一个基因。而且这一扰乱行为与 gai 失活发生在同一品系中，表明这个新发现的开放阅读框片段是 gai 本身的蛋白质编码区域的一部分。但这一点还无法证实。

我们通过后续的实验找到了证据。既然我们知道这个很可能是 gai 开放阅读框的区域的 DNA 序列，我们就可以用它来确定 gai-d 品系的开放阅读框的 DNA 序列。这些品系也就是之前产生的包含一个被伽马射线灭活的 gai 基因的品系。伽马射线会对 DNA 造成特有的损伤。如果这个新的候选开放阅读框确实是 gai，那么我们应该能在这些 gai-d 品系中看到同样的损伤。我们检查的第一棵 gai-d 品系植株的开放阅读框显然是受损的。其他所有植株也是如此。这就是证据，我们高兴极了。我们终于做到了。我们可以从这里开始前进了。我们到达了一个可以看得更远的高度。

这个证据是在 1996 年的初夏得到的。在此 7 年前，我带着克隆 GAI 的目标，从加利福尼亚回到英国。现在，这个目标终于实现了。

3月22日，星期一

根如何确定前进方向

春意渐浓。天气阴晴不定，时而是温暖的阳光，时而是猛烈的阵雨。夜里暴雨倾盆。今早，湿透的泥土散发出刺鼻的气味，令思想活跃起来。欧洲七叶树的芽饱满，黏乎乎，亮晶晶的。

榛子树的芽展开了一些，不像过去那么紧凑。芽鳞片像准备起飞的甲虫的翅膀一样高高举起，露出里面小小的、皱巴巴的、丝绒般的绿叶。

花园里，沼泽地里，教堂墓地里，到处都是榕毛茛开成的花毯。花瓣像抛光的闪亮圆环围绕着一圈环状的花药，而花药又环绕着针垫状的心皮。我摘了一朵，把拇指指甲按入茎里，将它分成两半，看着汁液从断口渗出。我一边这么做，一边想象着它在微观层面的样子：我的指甲深入茎中，从一边贯穿至另一边，将一列列的细胞分开来，分成两半。被我的指甲边缘触及的细胞很可能被挤压或者已经破裂，其中的内容物释放出来，渗漏出来。我又开始思考生与死之间的差别，生死循环不息，似乎它们之间没有明确的界限。很难看出榕毛茛始于何处，土壤终于何处。

一两天前，我写了拟南芥的根。但今早重读时，我觉得似乎缺乏维度。仿佛这棵植株只是独立生长，根系自行建立，与外部世界毫不相干。

所以我决定做一些延伸。我再次站在坟墓的边缘，低头去看那棵植株。拟南芥的根仍在我的脚下延伸。这一次，我仔细地想了想每条根的顶端如何感知世界，同时感受整个地球的广阔无垠，以及土壤本身细腻的颗粒感。

先从横向维度开始。根的顶端具有导航能力。根能感知它们生长的处所、顶端行进的方向与重力矢量的关系以及与地心和我们在地表上占据的点之间连线的关系。去年秋天，幼苗的第一条根钻入土中，并笔直向下，朝着地核生长。之所以这样，是因为在根的顶点，有些细胞会告诉它向哪个方向生长。这些细胞的细胞质中含有淀粉粒。因为这些淀粉粒比细胞质的其他部分更稠密，因此它们受到重力牵引，集中在细胞的底部。细胞能感知这些淀粉粒的位置，可以通过淀粉粒的位置来确定其相对于重力矢量的方位。含有淀粉粒的细胞将这些信息传递给轴根上部那些真正实现生长的细胞。如果根顶端发生位移，淀粉粒也会转移，而且其所在的细胞会感知这一边的变化。其结果是，位于根部一侧的促生长细胞的生长受到抑制，而另一侧的细胞生长不会受到抑制。因此，根部开始弯曲，直到它的生长方向再次平行于重力矢量。

所以根是由它们所处的世界控制的。它们具有感知重力方向的能力，由此它们的生长总是追随重力矢量。它们能感知方位、地点和位置。它们知道自己在哪里。

但我要岔开话题。第二个问题，根对外部世界细腻颗粒的感知力又怎样呢？想象一下拟南芥根系中一条根的生长，也许就在地下一英尺。根的顶端被后面生长的细胞推着向前，在土壤中的小石块、死去的植物腐坏的纤维、枯枝碎片和沙砾之间寻找路径。昨夜的雨水使根部细胞膨大，使得生长更加迅速而旺盛。但是顶端撞到了障碍物。一块大石头。无法通行。顶端后面延长区的细胞仍在推着它向前，将其挤向坚硬的石头。根解决这个问题的方法是做出响应。顶端的细胞开始制作一个信号，一种称为乙烯的简单的激素。乙烯是由两个碳原子和两个氢原子构成的分子（写作 C_2H_2），它是由于细胞受到压力而产生的。在根部上面一些，延长区的细胞含有能探测乙烯的蛋白质受体。顶端产生的乙烯到达延长区的细胞时，就与受体结合，改变其形状，在细胞内触发一连串信号。这个信号链会减慢延长区细胞的扩张速度，从而减缓根的生长，降低碰撞损伤根部分生组织细胞的风险。由于根的生长速度放缓，它开始在石头的周围摸索它的路径。所以，生长中的根很敏感，它根据土壤的质地来选择路径，直到找到最佳路径。

当我站在那里俯视着地面时，大脑中不由自主地浮现出一个想法：我最近如此关注的这棵植株，就快死了。这个复杂却统一的物体，这条由无数部件组成的有感知力的根，只是昙花一现。

下午工作的时候，我的心情很平静。不激动，也不投入。也许我终于从论文被接受的那阵激动中走出来了。一切似乎都在缓慢移动，就像拟南芥植株的生长一样。缓慢、稳定、波澜不惊。一个人怎么能以不同的方式看待同一件事呢？真奇怪。有时候，就像今天早上，它的生长和春天的脚步看起来如此急躁。有时候，就像今天下午，它们却脚步迟迟。有时如此有力；有时如此脆弱。

而且我仍无法看清我们的研究究竟该转向哪里。我开始厌烦一遍一遍地用不同的话来说同一件事。一句话，"还卡在那儿"。但我觉得压力与日俱增。迟早总会有些什么，新的见解会出现。

3月24日，星期三

叶的扩张

昨天去了班宁哈姆旧教区（Banningham Old Rectory）举行的拍卖会。在明媚的春光下，偶尔有阵雨打在大棚上，从嗒嗒声升级为噼里啪啦。但太阳出来后，里面闷热不堪。而且我不是很成功。我看中了一些"古董"：一个中世纪的石狮头像和最美丽的罗马大理石骨灰盒，石头是乳白色的，雕刻朴实、庄重、坚实，上面有橡果、果实、啄食果实的鸟儿。但是出价远远非我所及。

榛子树的芽现在完全爆开了，比之前更像正在飞行的甲虫。小小的叶片在长大——它们在长大，但芽鳞片没有长大。我一边看一边回想，从这个阶段开始，这些叶片从小小的一片扩张到最终完整的大小，几乎都是细胞扩张的结果，而非细胞分裂的结果。拟南芥也是如此。当叶片作为细胞凸起出现在分生组织侧面时，第一阶段的生长既包括通过分裂产生新细胞，也包括这些细胞的扩张。但在第二阶段，其实也是叶片扩张的主要阶段，新细胞的产生不再是主要因素。细胞的扩张才是叶片生长的主要原因。在这方面，植物细胞迥异于动物细胞，它们通过扩张大小的能力来促进叶片的生长，动物细胞则倾向于通过制造更多细胞来促进生长。

3月25日，星期四

花分生组织的产生

观察、思考和感觉相互作用，共同构成我们对世界的认知。科学就是关于这样一种认知。

我从约翰·英纳斯办公室的窗口望出去，看着蓝天中缓缓移动的云层。黄色的日光尽管不稳定，却慢慢地明亮起来，像一朵正在开放的花，但随后又渐暗，然后再次变亮。我再次想起圣玛丽教堂的拟南芥。它开始开花了吗？当然，即使开始了，也看不到一朵花。但如果它开始开花了，地上部分顶端的分生组织应该已经发生了转变。

营养分生组织变成的花序分生组织使得凸起注定要成为另一种分生组织——花分生组织：一个细胞球，萼片、花瓣、雄蕊和心皮将从中衍生出来。三种不同的分生组织将相继构建植株的地上部分：营养分生组织、花序分生组织、花分生组织。拟南芥植株体内的基因被激活后，会告诉花分生组织，它们与产生它们的花序分生组织并不相同。有两种基因，分别叫 *APETALLA1* 和 *CAULIFLOWER*，如果这些基因无法运转，那么本应成为花分生组织的结构将仍是花序分生组织。缺少 *APETALLA1* 和 *CAULIFLOWER* 活性的突变植株有着怪异的吸引力。在这些植株中，花序分生组织产生螺旋排列的多个花序分生组织（而不是花分生组织）。每个花序分生组织本身又产生螺旋排列的花序分生组织，而其中的每一个花序分生组织又产生另一组螺旋排列。然后继续下去。如此一来，分生组织大肆增殖，原本该长成花的，却变成了一个花椰菜状的东西。它确实与花椰菜极为相似，因为真正的花椰菜植株含有拟南芥的 *APETALLA1* 和 *CAULIFLOWER* 基因的花椰菜版突变型。*APETALLA1* 和 *CAULIFLOWER* 编码的转录因子能开启将花序分生组织的产物转化为花分生组织所需的特定基因活性模式。在大多数开花植物的发育期间都会发生这种简单而深刻的身份改

　　　　　　　　　　　　　　种子的自我修养

变，但是在花椰菜分生组织的分枝发育中没能发生。

花椰菜所属的十字花科植物在外形上展现了非凡的可塑性。卷心菜、西蓝花、抱子甘蓝、苤蓝，甚至拟南芥本身，展示了一系列奇特的形状和结构。然而，在基因水平上，它们是彼此相似的。区分它们的仅仅是少数几种有着不同活性的基因。也许是基因活性的进一步变化，一点点逐渐增加的微小变化，经过数百万年的历程，才将花椰菜与我们分开。

3 月 26 日，星期五

冷，阳光斑驳但很亮。窗外的云彩美丽又浪漫，引人遐想。其实我觉得，自从这周在班宁哈姆见到那些可爱的东西后，云的美在我眼中都不一样了。我看到如许多样的景观和形式。形状、拓扑、裸露的岩层、朦胧的丝缕。远处漂浮着一个气球。很奇特的是，云看起来坚固，实际上只是水蒸气。云的颜色也多种多样：蓝天映衬下耀眼的乳白色，另一边是用毛笔重重画出的一抹铅灰色。光影的世界。这种看待事物的方式只会弥补我目前眼界的不足。

今天早上，我开始起草一份演讲稿，几周后我要给同事们讲的内容：当前和未来研究计划的概述。这是一种有用的练习——可能会帮我摆脱困境。

3 月 30 日，星期二

周末进入夏令时——突然间，我们好像生活在一个光明的世界里。一身轻松。春天来了，带来一种解脱和治愈的感觉。

春天的脚步更明显了，而且步伐在加快。花园里，榕毛茛、琉璃苣、风信子、聚合草都开花了。欧亚槭的芽变成了淡绿色，很快就会裂开。橡树、酸橙和欧洲七叶树也是如此。水青冈树篱很快就会换下褐色的冬叶，长出新叶。我很高兴能置身其中，看坚硬的大地变得柔软。

现在，榛子树的叶片已经长得比先前包覆着它们的芽鳞片更大。这些叶片此时还是它们未来形态的精致缩影。叶片上有棱和叶脉，叶缘有锯齿，锯齿的顶点与叶脉的终点重合。还有那闪烁不定的绿色，我无法仅仅用"绿色"来形容这种绿色，但我实在不知如何才能表达。

昨天，我重读了前面写下的这些内容。我想看看能否找出主线，即具有连贯性的主题。我认为有一些是清楚的主线：花园、树篱和树林的季节更替；季节更替中拟南芥植株的生长；关于实验室事件的记录；关于我们的研究成果，即对生长的未解之谜不断加深理解的阐述。

然而，我觉得自己写得磕磕绊绊。"研究"这个词是一个障碍。我对我在"钻研"某种东西的想法感到不适，而这种东西是指"生物学"。为什么会有这种感觉？为什么这些词让我踌躇不已？

这些术语具有隔离性吗？当我"钻研"榛子叶片的生长以及基因的活性时，我把它们与世界的其他部分隔离开来了吗？这样做是不是切断或减弱了事物之间的关联性？

　　　　　　　　　　　　　　　　　　　种子的自我修养

4 月

4 月 2 日，星期五

昨天我听说我们的另一篇论文终于被接受发表了。与上一篇不同，这篇经历了一个相对漫长的过程。第一版受到了评审人的严厉批评（其中不乏公正的批评）。现在我们的修订版被接受了。但喝彩声中还有一个反对的声音。一位评审人仍持怀疑态度，说我们发表这篇论文是"冒险"。

这种评论使我不安。发表论文的压力很大。我们始终有点担心现在发表为时过早，我们还没有完全核实，或者有什么地方出错了。我很沮丧，因为我仍然不知道接下来该往哪里去。也许我过于执着了。我让我的猎犬不停地在路上嗅探，无视其他一切，只顾寻找气息。最终气息无迹可寻，可能有帮助的事物却被无视。

4月4日，星期天——棕枝主日

去了惠特芬。阳光灿烂。天空中有棉花球般的云团飘过。东风强劲，很冷。

昨天，我们在电视上看了英国国家障碍赛马大赛。我很喜欢那种绝处逢生的感觉、那种奔突、那种急促，以及获胜骑师在胸前画十字的动作。我们下了一注，杰克差点就赢了。他的马在倒数第二道栅栏处摔倒了。结果惹得他暴跳如雷。

今天是棕枝主日。今年又过去了一些日子。

出门来到广阔的沼泽地。去年的芦苇经过寒冬侵袭，现在显得肮脏而凌乱。芦苇的秆纤细脆弱，从节点处断裂；呈黄褐色。但在地面处，一片褐色中露出了绿色。草的新叶，芦苇的新叶。这些叶片的形成与拟南芥既有相似之处，也有不同。类似之处在于，它们一开始也是出现在分生组织侧面的细胞凸起；而不同之处在于，它们被推出分生组织后排列成长长的平行队列进行细胞分裂和扩张，而拟南芥的分裂和扩张方向更加复杂，最后形成圆形的叶。

春天的脚步现在极为明显。到处都是开裂的芽——山楂树上有尖尖的叶簇；我坐的椅子上方这棵柳树上也有。但欧梣的芽仍是黑色的，而且紧闭。

香蒲的果序完全变了样。上次来的时候，它们是深褐色的，紧实而坚硬。现在变成了秆上的米白色丝棉球——一团交缠在一起的种子和茸毛，在风中摆动。有一个就在我头顶上方。我把它拉到我的高度，让茎秆弯下来。当我摸到它时，我一眼看到这个羊毛球，它映衬着蓝天，仿佛也是一朵毛茸茸的云。

但是寒风刺骨，我只好走进树林避风。途中，我在湖泊旁停下来。这里有所遮挡，而且各种色彩和纹理非常和谐。远处柔黄花序和柳花开了，有星星点点的飞絮飘过，为细枝和新叶构成的银灰色光晕增添了一抹黄色，与下面芦苇的米色几乎一致。水面上有一对天鹅。一对小䴙䴘一会儿浮在水面，一会儿钻入水中，荡起一阵涟漪。偶尔阵风的风力加大，会有一道道水纹从水面掠过。刚才有只蝴蝶——但它飞得太快，我没来得及看清是哪种蝴蝶。在这一切的上方是无尽的蓝天，云朵优雅地飘过。

树林给人一种找到庇护的感觉，有安全感。鸟儿唱着复调的歌，掠过树冠的风发出嘶嘶声和轰鸣声，而在地面上，我只感觉到一阵微风。因为离咆哮声有一段距离，我感到非常惬意——有种受保护的感觉。我感到平静。这一切如此可爱，使我产生一种快乐的感觉，一种短暂但完整的幸福。我喜欢这个地方、这个时间。

在春天的这个阶段，尽管绿叶在尽情萌发、扩散，但树木最明显的特征仍是它们细嫩的枝条。但很快就会有所不同。不久，这些树上就会覆满绿叶，细枝的线条变得柔和。

4月8日，星期四

天气阴晴不定，瞬息万变。在几分钟之内，一片云飘过来，遮住了整个天空。云层下透出铅灰色的光。冰雹砸向地面。像圆圆的石头，打磨得很光滑，呈不太规则的球体。然后，不一会儿，阳光明媚。但始终很冷。

拟南芥仍然没有明显的开花迹象。茎的周围不断长出新叶。我前几天在考虑着花分生组织的转变，也许还为时过早。

4月11日，星期天——复活节

去了约克郡庆祝复活节，然后去了沃夫山谷（Wharfedale）的斯塔伯顿（Starbotton）。从耶稣受难日起，天气一直阴冷。这里春天的脚步比诺福克要慢一些。今天早晨，一开始天空中是凝固的，有连续不断的乌云。但随后光缓慢地弥漫开来，几分钟后，云层分开，消失无踪，阳光清澈，普照大地。

我突然间想起我有多喜爱这样的场景，它曾伴随我度过了童年的一段时光。阳光倾泻而下，加深了大地轮廓的阴影。灰色的岩石和碎石坡，还有连成一线的低矮的丘陵——远远望去，像圆形的雕塑，背后一片漆黑。我喜欢看到这些形状和形态。这使我生出一种平静感和安全感。我们能不能带着这样的舒适感和亲切感去想象蛋白质的拓扑结构和构造呢？

不仅仅是安全感。山谷有着冰河谷所特有的优美的 U 形曲线。山谷的底部是一片翠绿的平地，遍布着肥沃的田野。山谷的两侧是坡地，直达山顶的高沼地。山谷底部滋养牛羊的草地与上方的野性粗糙之间，有一种有趣的张力。而这种强烈的对比进一步加深了安全感。走进山谷里面，就像风暴来时躲进了港湾。

　　　　　　　　　　　　　　　　种子的自我修养

4 月 12 日，星期一

从斯塔伯顿到凯特威尔（Kettlewell）走了个来回，心情愉悦。孩子们在我们身边蹦蹦跳跳。我们先是沿着陡峭的石子路去了卡姆黑德（Cam Head）。然后沿着长长的小路下行，前往凯特威尔。小路有些坡度，路边长着郁郁葱葱的植物。沃夫山谷的景色宜人，我们左侧是大韦恩赛德山（Great Whernside）巨大的山体、死去的帚石楠和褐色的蕨，都沐浴着春日的阳光。在凯特威尔，我发现了一些长在墙上的拟南芥。它们已经开花了，都有着细长的茎和白色的花瓣。为什么诺福克的植株在我上次去看的时候还没开花呢？也许是自然变异？

我沿着沃夫河畔，从凯特威尔回到斯塔伯顿。缀满花苞的山楂树上不时传来鸫鹟的唧唧声。

4 月 15 日，星期四

在这里我想写的是一种世界观，科学只是其中一个方面。不像通常的科学写作方式——用镜头将看到的一切包围起来，放在显微镜下来观察。

说到景色，我们今天看到了很棒的景色！阳光明媚，微风凉爽。我们沿着河畔的小路走——从斯塔伯顿到巴克登（Buckden），再到哈伯霍尔莫（Hubberholme）和更远的地方。树木——欧亚槭和欧洲七叶树——正在长出叶片。巴克登山柔和的外形在阳光中闪闪发亮。

这次散步在大脑中产生了魔法。我发现自己想到了 GAI。就在我花了几分钟看云变换形状的时候，我开始想，GAI 蛋白在植物细胞中是什么形状。因为很奇怪，虽然我们知道 GAI 分子的形状对其功能至关重要，它总是从一种形状转换成另一种形状，这种转换对其功能起到关键作用，但是我们却不知道这两种形状究竟是什么样子。但相对于 GAI 的故事的讲述，我写这些还为时过早。

傍晚，爱丽丝和杰克咯咯笑着听一卷磁带——Martin Jarvis 朗读的《淘气小威廉》（*Just William*）。最后一段是用钢琴演奏的拉格泰姆风格的舞曲，演奏的方式极富表现力，仿佛每一次击键都在诉说时间的流逝——一去不回。让人感觉有种莽撞的力量在嘲笑我们的存在之不确定性。

4 月 16 日，星期五

今天是我们在斯塔伯顿的最后一天。天又变得阴冷，雨时大时小。我们沿着巴克登山的一侧从斯塔伯顿走到巴克登，然后沿着河畔回来。云层不算太低，没有破坏从巴克登上面望出去的景色，能看到从上沃夫山谷（Upper Wharfedale）到约肯斯韦特（Yockenthwaite）和更远处的美景。

我意识到这段短暂的休息时间——几乎成为一个单独的存在——已经结束了。不过我已经准备好重返工作。也许对下周的工作总结有些担心。但我知道我能应付。

4 月 18 日，星期天

我们回到了诺维奇。今天天色阴沉，刮风，有雨。但是，在我们离开的十天里，春天的进程令人吃惊。橡树和水青冈——甚至酸橙——

　　　　　　　　　　　　　　　种子的自我修养

都处在芽开裂和嫩叶伸展的不同阶段，樱花树开花了，勿忘草的花开得极为茂盛。到处都是新出现的绿色和柔和的线条。

4月19日，星期一

一个假设

今天回到了实验室，为明天的工作总结做准备。

重新拾起 *GAI* 的故事这条主线，我将写一写我们在克隆 *GAI* 后得出的发现：关于"解除抑制"的假设。我们向植物生长的统一理论迈出了一步，这可以用来解释春天的叶片、花园中的花朵。

这里有两样东西。一个是我们看到的：结果。另一个是视野，即观察力的强化，思想从所见的原料中创造出来的东西。不过，两者当然是相互融合的，很难分清一个终于何处，另一个始于何处。

那么我们看到了什么？ *GAI* 的分离揭示了什么？是 *GAI* 基因的DNA序列。乍一看，DNA序列似乎平淡无奇，只是由四个字母组成的线性序列，上面有成千上万个碱基对，而且没有明显的形状。但是，当我们用计算机分析一段 DNA 序列时，就可以看到更高层级的结构特征。比如说，开放阅读框，即编码蛋白质的 DNA 区域。

如何区分不同的开放阅读框呢？计算机以三个碱基为一组进行读取，每一组都是代表构成蛋白质的20种氨基酸之一的"密码子"。例如，由 AGT TCT AGA AAC CTT 这样15个碱基构成的序列，编码由5种氨基酸——丝氨酸、苏氨酸、精氨酸、天冬酰胺、亮氨酸——组成的多肽，即蛋白质片段。但是一些碱基三联体（如 TAG）是所谓的"终止密码子"。终止密码子不表示氨基酸，而是标记蛋白质序列的末端。

由于大多数蛋白质包括多达 300 个氨基酸甚至更多，而且几乎都是以蛋氨酸开始（以 ATG 表示），计算机可以扫描一段 DNA 序列，确定开放阅读框可能存在的区域。这些区域以 ATG 开始，连接 300 个或更多个氨基酸密码子，并以终止密码子结束。

通过进行这样的分析，我们首先确定了 *GAI* 开放阅读框，即基因中编码 GAI 蛋白的部分。在 *GAI* 开放阅读框前面的一段 DNA 不编码蛋白质，而是控制 *GAI* 的活性：决定 *GAI* 是"开"还是"关"。这就是启动子。

GAI 开放阅读框编码构成 GAI 蛋白的 532 个氨基酸，它们连成一个链条。但蛋白质是三维结构，而不只是一条线性链条。它是由这条链折叠和缠绕形成的。最终的结构是构成该蛋白质的特定氨基酸（每一个都有不同的化学性质）序列作用的结果。GAI 的氨基酸链通过折叠形成独特的形状，一种具有整体结构和明确的表面特征的分子雕塑：裂缝、凹陷、突出部位，整体形状与 GAI 执行功能时涉及的分子相互作用有关。想一些具有特殊意义的形状，比如熟悉的景观、亨利·摩尔的雕塑，可能会有助于想象……

计算机也可以用来识别蛋白质序列的特定区域。例如，一旦确定了一个新的序列，就可以将该序列与此前确定的数千个序列进行比较。我们为 GAI 做了对比，发现它的后 2/3 段序列与另一种名为 SCARECROW（SCR）的植物蛋白质密切相关。由于 SCR 被视为一种转录因子，一种控制其他基因活性的蛋白质，那么 GAI 很可能也是一种转录因子。我们猜测，GAI 通过调节编码酶的基因和结构蛋白质——植物生长真正的核心机构——来控制植物生长。

但令我们特别感兴趣的是 GAI 蛋白序列的前 1/3 段。这个区域与此前确定的蛋白质序列没有任何明显的相似性，它完全是一个新事物。未定义的领域。当我们获得 gai 基因的 DNA 序列后，我们对这个区域更加着迷了。

出于强烈的兴趣，我们在比较 GAI 和 gai 基因的 DNA 序列时，发现 gai 突变影响了 GAI 蛋白的前 1/3 段。这一发现十分令人满意，因为它证实了我们多年以前的预测：gai 编码被改变的蛋白质，而非不编码任何蛋白质。该基因的 gai 突变型与 GAI 正常型的不同在于它从开放阅读框中删除了一段序列——一个很小的删除动作，仅仅从其编码的蛋白质序列的前 1/3 段中移除了包含 17 个氨基酸的片段。这个移除的区域被称为 DELLA 区域——以这个由 17 个氨基酸组成的区域中前五个缺失的氨基酸（每个氨基酸有一个字母代码）命名。为了表示得更清楚，下面这张草图比较了 GAI 和 gai 蛋白的重要特征（画成了线性结构，而非实际的折叠结构）。

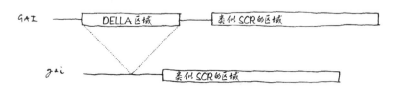

正常 GAI 蛋白与突变 gai 蛋白的区别。两种蛋白质都含有类似 SCR 的区域，但是 gai 蛋白缺少 DELLA 区域（未按比例绘制这些区域）。

所以我们证实了我们的预测。gai 突变没有破坏基因。gai 突变基因仍然编码一个蛋白质，而且这个突变的蛋白质仍然发挥作用。但它的结构改变了，因为它缺少 DELLA 区域。这一改变必然改变蛋白质的性质，并改变它的运转方式。最终，这种变化导致植物长成矮小植株，而不是高大植株。正如蛋白质本身不可见一样，蛋白质结构的微小变化以人眼不可见的方式，导致了植物生长方面明显可见的结果。

然后我想到我的假设。这是一个涉及逻辑乃至更多的思想过程。就像在夏末看芦苇地，满眼是郁郁葱葱的灰绿色，芦苇的茎随风轻摆。看到这样的事物，我就忍不住要从中得出什么东西。我不需要看到线条和形状，就能将叶子和茎连接起来，即使我不能真正看见连接处。我用想象力深入芦苇丛中。将不同叶片的相互平行与微风的主要方向联系起来。将实际所见拔高一点点，所见就会在大脑中转变成所想。挤压、拉伸形状，或添加额外的形状，使其更妥帖，或形成新的联系。这是生成假设的一些步骤，也就是"如果 A，则 B，然后 C"的逻辑的延展。

这个假设描述了植物的生长。想象一下，GAI 蛋白能以两种明显不同的状态存在。通常 GAI 处于"抑制状态"，这是一种抑制细胞增殖——即我们所见的生长——的形式。另一种是"允许状态"，是一种允许细胞增殖的形式。再想象一下，促生长激素赤霉素通过将 GAI 的抑制状态转换为允许状态来促进生长。之前，我描述过缺乏赤霉素的突变植株形成矮化植株的原因。如果上述假设成立，那么缺乏赤霉素的突变植株矮化是因为赤霉素缺乏导致 GAI 的抑制状态不断持续。再进一步想象，gai 突变蛋白仍然作为抑制生长的蛋白质运转，它可以采取抑制状态，但其带来的结构改变使赤霉素无法令其转换为允许状态。因此，根据这一假设，gai 被锁定为抑制状态：含有它的植株是矮化的，赤霉素无法使其恢复正常。

　　　　　　　　　　　　　　　　　　　　　　　　种子的自我修养

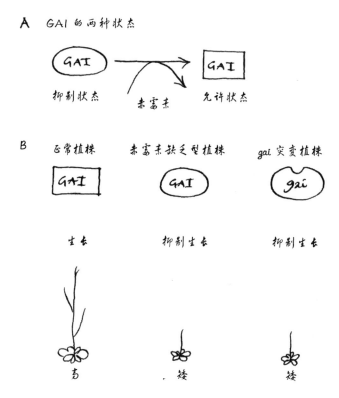

A   GAI 的两种状态

抑制状态   赤霉素   允许状态

B   正常植株   赤霉素缺乏型植株   gai 突变植株

生长   抑制生长   抑制生长

高   矮   矮

解释 GAI 运转方式的假设。A. GAI 的两种状态。B. 正常植株长得高，是因为赤霉素将 GAI 转换为生长允许状态。赤霉素缺乏型植株是矮化的，因为 GAI 始终为生长抑制状态。gai 突变植株是矮化的，因为 gai 突变蛋白不能转换为允许状态。

　　这就是那个假设。我承认我从一开始就喜欢它，就觉得它是正确的。它给一系列看似不同的观察结果带来了秩序。它从赤霉素和 GAI 的关系的角度解释了植物的生长。但是，尽管它很有吸引力，也有潜在的优点，它仍然只是一个假设。它需要经过检验。

4月21日，星期三

我昨天做了进度总结，很顺利。从更开阔的视野来看事物，是有帮助的。不过我迫切想要寻找的全新的想法、不同的道路，并没有在我们的讨论中产生。

结束后，我给了自己一个奖励：去看看厄勒姆（Earlham）树林里的蓝铃花是否已经开花。但是当我到了那里，我发现虽然花序梗已经长得很高，但花朵还没怎么绽放。我打算过个一两天再去。

今天的春色如此可爱。天空是柔和的灰色，但似乎只是让一切看起来更加繁茂，更加蓬勃。过去几天春天的进度很快，在经历了2月—3月—4月初难挨的缓慢进展之后，似乎突然间跨过了某个门槛。现在一切都变得容易——花容易绽放，芽容易开裂，叶子容易伸展。整个花园里洋溢着兴奋，绿意四处蔓延。

另外值得高兴的是，我们深知，这种绿意的蔓延是我们发现的蛋白质，也就是GAI蛋白的一个特性。可以说它也属于我们所喜爱的春天。把春天的美和关于蛋白质的知识同时留在心中，是一个需要技巧的小游戏。不容易做到。我常常失败。但这个游戏使思想更加丰富。

4月22日，星期四

四维空间

我终于有机会再去看看拟南芥植株。前几天因为开总结会而耽搁了，而再往前，我们又去了约克郡。出于某种原因，今天我的思维都是线性的，满脑子都是维度、线条和矢量。思绪翻腾，看到各种关联。我很激动终于能出去了。当我骑车前往圣玛丽教堂时，在某一个瞬间，思想的表层出现了一条从我的头顶到太阳的连线，然后又消失了。

然后，当我到达植株那里时，我看到它也开始向上生长了。在莲座的中心，有一条极短的茎。只有 1/4 英寸长，也许还不到。在茎的顶端，是一簇螺旋状排列的花蕾。大概就在我没来的这一周里，它竟有这么大的进展。终于，在长久的等待后，植株要开花了！茎很脆弱，但劲头十足。

我的大脑中又出现了线条。我想了想这条新发现的茎、穿透土壤的根，以及两者的线性—柱形性质。植株的导管、木质部和韧皮部、维管结构、管道从细胞构成的同心圆柱体中穿过。导管携带水分和营养物质，为根和地上部分正在生长的细胞提供养分。这些重要的导管随着茎的延伸而延伸，细胞不断增加和扩张。导管接近其供养的组织时，就会分叉，出现分支，交织成网状，成为主干道的支流。最终会形成一个海绵网络，并立即渗入叶片，成为其骨架。末端的导管与其供养的细胞紧密相连，相互环抱。

这种环抱关系中存在线性几何。让我们根据一系列维度的线条来定义空间。第一条：一条单独的延长线，这是第一个维度。第二条：与第一条线垂直的线。这两条线共同定义了第二个维度，是一个平面空间。为第三个维度添加第三条上下的线，形成我们熟悉的由三维实体构成的世界。第四条。还有第四条？第四条：三维形状的实体部分布满通道，就像浮木上的虫洞，其表面通向自身内部。第四个维度是有机体与其维管网络关系所在的维度。

维管网络被认为具有四维属性，是因为这些属性使最初演化出维管网络的有机体取得了成功。维管网络结构的形成是出于细胞之间实现最佳关联的必要性。单细胞有机体是自给自足的。维持生命所需的一切活动，包括与周围的世界交换或吸收物质和能量，它们都能做到。然而，当有机体变成多细胞时，细胞开始专门化，获得不同的属性，发挥特定的作用。在植物中，根部细胞专门用于从土壤中吸收水和养分，而叶片细胞专门用于光合作用，捕捉阳光的能量并将其转化为食物。这些细胞群需要彼此联系。它们相互依赖。在遥远的过去，这种依赖的演化带来了一种压力，即必须找到最有效的方法将资源从有机体的一个部分输送到另一个部分。

植物和动物中分别演化出了多细胞生物，但都有维管结构。在动物中，动脉、静脉及其分支将血液运输到身体各处。这些导管分支并形成许多网络，分别与动物体内的细胞紧密结合，正如维管结构在植物体内一样。在植物里，木质部和韧皮部充当连接各部分的管道。动物和植物中都有供者（导管）和受者（细胞）。自然选择迫使这些维管网络结构形成，以便为连接供者和受者的界面提供最大的表面积；优化资源交换，最大限度地减少在整个有机体内输送资源所需的时间和精力。

也就是说，我们的形体是由这些四维关系决定的，从最大的生命到最小的生命，无不如此。拟南芥新长出的那条小小的茎，从莲座一点点向上生长，追逐阳光。它有一定的直径，这个直径与植株的总重量有关；所有植物不论大小，都是如此。一旦知道了一棵植株的质量，就可以使用以下公式来预测茎的直径：$D = kM^b$。这个等式表示茎的直径（D）与植株质量（M）的 b 次方成比例，其中 k 是一个常数。b 的值至关重要。b=3/4 似乎最符合实验观察结果，在分形（四维）几何中也说得通。分数 3/4 中的分母为 4，是因为决定植株体形状的维管网络的几何属性是四维的。证据表明，自然界中还有数百种其他对应关系，将有机体的结构、新陈代谢率、生长速度与重量的 3/4 次方联系起来。这些被称为标度定律（scaling laws）。因此无论大树、小草和动物的形式看起来如何不同，在另一个层面上，它们都是十分相似的，这种相似性体现了这些基本的 3/4 次方规则。

这个理论特别吸引人，因为它有统一性。现代生物学主要关注差异性——一个物种与另一个物种有何不同，或者一个基因的突变如何导致正常和突变有机体之间的差异。我自己的许多工作也有赖于差异。标度定律理论格外令人耳目一新，因为它提供了一种看待共性——使生物体彼此相似的属性——的方式。这种方式将整个生物界视为一个整体，仿佛一片交织的布料。世界通过管道和维管结构、导管和管子连接。相较于这片布料和宇宙的无限寂静中除它之外的世界的差异，生命不同部分的差异、物种之间的差异，以及构成物种的各种有机体之间的差异，都不值一提。

但我似乎又有些跑题了。我需要强调的是，今天这棵拟南芥植株发生了生命中的一个重大事件。我等待已久的茎终于开始从莲座的中心萌发了。正在生长的茎周围有螺旋排列的花蕾。中央分生组织的身份已经发生了改变。它现在是一个花序分生组织，而不再是一个营养分生组织了。从这个意义上说，虽然花还未开，但植株已进入了开花状态。

4 月 23 日，星期五

原子水平的思考

到处都是阳光，温暖的空气，还有鲜嫩的绿叶。现在春天似乎真的来了，不像几周前那么脆弱了。突然回到冬天的可能性不复存在。随之而来的是一种充满希望的感觉；放松的感觉。春天、夏天、初秋，一路向前延伸到远方。终于摆脱了冬天，令人如释重负。毫无疑问，季节会影响思想状态。生活显得比一个月前轻松些了。

现在到处都是花。榕毛茛、毛茛、蒲公英开着黄花。拟南芥植株也将要开花。

今天，我又站在一旁，俯视那棵植株。它长在碎石之中，一英寸长的茎和花蕾在微风中颤抖。我想到我至今还没怎么考虑过这棵植株的构成。那些将它建构出来的尘埃的性质，它的基本组成。

我从未以这种方式来思考这棵植株，这或许是我的疏忽。但也可能不是。我开始意识到，可以通过许多种方式来看待这棵植株，而且这些方法没有特定的顺序。对这棵植株的思考将唤起无数的共鸣，如果我愿意听的话。

用原子符号来描绘植株，更清晰地表明它是我所站立的土地，以及摇动茎秆的风的一部分。那么就从原子开始吧。但很难描述。如果我们能在原子水平上闻或摸，尝或看，该有多好。但我不精通这个领域。我怀疑当今物理学家们认识的原子形象比我将要描绘的更柔和。当我想到原子时，我把它们看作物质结构的一个水平，它们本身可以分解为通过电荷和其他力黏合在一起的亚原子粒子。原子有不同的种

　　　　　　　　　　　　种子的自我修养

类，取决于组成原子的亚原子粒子的数量和种类。不同类型的原子根据其各自的属性，相互之间的亲和性不同。相互间具有较高的亲和性的原子可以通过共享电荷结合在一起，正是这种离子键将原子连在一起，形成了分子。

构成拟南芥植株分子的主要是众多类型的原子中的几类：氢、氧、碳、氮、硫、磷及其他。水分子由两个氢原子和一个氧原子（H_2O）构成，是植株中最多的分子。纤维素分子，即形成细胞壁的纤维，是一条葡萄糖—糖分子链，每个糖分子都严格按碳、氢、氧原子的顺序排列。植株中的其他分子、细胞质中的蛋白质、膜中的脂质、DNA 和 RNA 中的核酸，都是由各种原子结合而成的，它们特定的组合和排列形成了每种分子的特性。植株本身也具有一些特性。这些特性是由构成植株的分子的属性总和产生的产物和结果。单个分子有其自身的属性，这是由构成它们的原子决定的。原子本身的属性由构成它们的亚原子粒子控制。层层叠叠，从可见到不可见，植株存在于每一个不同的层次中。如果我们能够一次性看到所有层次，就能把这棵植株看得最透彻。但这很难做到。

现在这棵植株的茎在微风中舞动，它并不是一个静态的结构。远远不是。它的分子持续变化，在细胞质中不断被制造和破坏。例如，在光合作用中，植物利用阳光的能量来分解水分子。释放出的能量用来构建植株建造自身所需的分子。植株细胞的细胞质是一个复杂的反应坩埚，分子在其中被破坏和构建。

生物化学已经描绘出了这种混合物的高度复杂性；已经显示了分子如何通过化学键的逐步形成或断开来增加或剥离原子，通过与其他分子融合或分离，从形式 A 逐渐变为 B，再变为 C。还显示了酶（特殊蛋白质）如何催化这些反应，调节转化过程中流动的速率。生物化学已经绘制出了植物的代谢图。但是，对我来说，传统化学对分子的描述——干巴巴的化学分子式，由不同颜色的塑料球相互连接组成的三维模型——无法捕捉到令人眼花缭乱的结构和构造、它们的味道和气味，以及它们沿着分子构建和解构过程中形成的分岔路喷射的疯狂能量。

4 月 24 日，星期六

在诺维奇发现拟南芥

傍晚出去跑步。突然间，我在学院路后面的小马路上停了下来。就在那里，在鹅卵石和风化的砖墙夹角的裂缝中，我看到了一棵开花的拟南芥植株，然后是一整片。看起来与圣玛丽教堂的那株十分不同。叶片没有那么茂盛，更紫、干、脆。花期更早。推测可能与安全性和资源的获取有关。在这里，这些植株冒着很大的风险在生长。它们的存在岌岌可危。它们的环境本来就干燥，所以它们只能依赖直接的雨水。几乎没什么算得上土壤的东西可用于储存水分或扎下根系。圣玛丽教堂的植株享受着厚实的土壤，能更好地储水。它可以放轻松，不需要匆忙开花，可以建造坚实的身体以哺育后代。但是在这里，这些植物需要与时间赛跑结出种子，以免在夏天干死。我竟然到现在才注意到这些植株。在过去五年左右的时间里，我可能已经从它们和它们的前几代身边跑过，却视而不见。研究野外的拟南芥植株真让人开阔眼界和心灵。

我继续跑。闻到开花的醋栗丛灼热辛辣的气味时，突然勾起了回忆。在一个落灰的房间，我坐在一张破旧的有红色软垫的扶手椅上。一位朋友点燃了大麻烟卷。芬芳的蓝烟弥漫在房间里，闻起来像秋天的火。令人想到童年：安全、下午茶、室内的温暖。他先吸了几口，笑着把烟卷递给我。我之前从未试过。但我沉浸在安全感中，我把这美味的烟深深地吸入了胸腔。

我不记得它如何开始导致精神状态的变化。但我记得，在我把烟吸入胸腔几分钟之后，我开始有一种奇怪的不安感，我还记得我们去了学院的操场散步。一对斑尾林鸽并排掠过开阔茂密的绿色草坪，向我们飞来。我的思想中裂开一道焦虑的深渊，我在这深渊之上看着它们，它们亮得耀眼，美得不可方物。它们熠熠生辉，完美无瑕。一开始它们直直地飞过来，毫不犹豫，但接近我们的时候，它们改变了路径，依然保持着它们之间的距离，优美地划出弯曲的轨迹，优雅地向着遥远而精确的目的地飞去。这一刻，似乎和掩盖我大脑中渐强的嘈杂声的那串铃声一样清晰完美。

我的不安愈演愈烈。行走略微抑制了这种不安，所以我们离开了学院，沿着外面的路前进。我们去了一家酒吧，但是我发现它无法使我安宁。我的思想对着酒吧里拥挤的人群尖叫。我无法忍受，所以我冲了出去，独自继续我的旅程。

外面夜色渐深，我发现走得越快，恐惧越轻。这种恐惧在我思想中的某个部分沸腾起来，所以行走似乎帮助了另一个在袖手旁观的部分。它看着这场混乱，看到一个想法半途而废，下一个想法又开始博人关注。

还能看到一些既美丽又可怕的东西。那些从黑暗中驶来的车似乎长着眼睛，正在用车灯的光搜寻我。它们用光束在黑暗中探寻，就像那些栖居在深海中的奇妙的会发光的鱼。它们试图读懂我的想法。

然而，还有一部分思想始终不受干扰。有个声音解释着我的状态，说大麻含有一种基因，编码一种作为酶的蛋白质。这种酶促进 delta-9- 四氢大麻酚（THC）的合成。THC 从我的肺出发，通过我的血液，流到了我的大脑。它的形状像一把钥匙，与我的神经元中的蛋白质的锁相匹配，改变了蛋白质的形状，并引发了我的精神状态的改变。

走了几个小时后，我来到街道交叉处的四边形路口。我迷茫地沿着方形的回路不停地走，这种循环中的某个点被一股浓烈刺鼻的甜味打断，是记忆中开花醋栗的香味。这重现带来了一点安慰，过了一会儿，我的不安开始消退。我走回家，躺在床上，只花了几分钟就进入了渴望已久的睡眠。

这次经历很可怕。不会再有下次。不过依然是富有想象的瞬间。是一段难以磨灭的记忆。现在写到这件事，我能看出，在这种极端状态中所看到的东西与我现在想要掌握的那种思路之间，有密切的关系。我还在寻找一种方法来窥探梦寐以求的新方向。

4 月 25 日，星期天

茎的生长

今天的天气极好。蓝天白云。风携带着潮湿温润的空气掠过大地。

能量骤增。

　　我沿小路骑车去了苏林格姆，骑得很快。我渴望看到那棵植株和沼泽。感觉充满力量，乐观向上。春天慢慢过去，夏天快来了。

　　先去了沼泽。褐色和绿色的交接正在推进。芦苇地纵横交错的褐色中露出了绿色的穗状物和针状物。莎草开始开花——它们的茎有棱，顶端是乌黑的花朵：雄花在上，雌花在下。其中一些已经由黑变黄，花药突出，花粉溢出。最早的一群蝴蝶在空中飞舞，有红襟粉蝶、钩粉蝶、孔雀蛱蝶。

　　然后去了圣玛丽教堂。那株拟南芥就在那里。现在直立抽薹的茎有几英寸长。它在微风中晃动。顶部是螺旋状簇拥在一起的花蕾，还未绽放。花蕾下面有一段茎，一片叶。在叶腋，还有更多的花蕾。叶片的下面是另一段茎，基部在莲座中。

抽薹的拟南芥植株。

这些茎段是由细胞塑造的。正如叶片和花一样，组成每个部分的细胞都来自茎尖的分生组织。分生组织侧面的一群细胞形成最初的凸起。然后附近离侧面稍远一些的另一群细胞形成下一个凸起，构成螺旋。位于两个凸起之间的分生组织表面细胞将形成茎段的表面，将相邻的未来的叶或花分隔开来。这一部分内部的一列列细胞来自分生组织基部的一群细胞。

今天，拟南芥的茎的独特性令我惊叹。从古至今没有什么像它一样，今后也不会有。当然，在建造这条茎的过程中，细胞彼此合作，一如既往，将来也不会改变。但是，这条茎的精确构造是独一无二的，它是在一套规则定义的约束边界内的一次即兴表达。

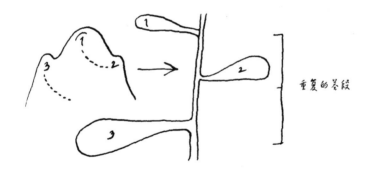

茎段的生长。首先是茎尖相邻的叶原体之间的部分（左；1、2、3等）。这些茎段随后生长为成熟的茎。在拟南芥的营养莲座中，这些茎段始终很短。开花（抽薹）茎段较长。

茎段形成后，就开始生长。起初在分生组织中产生时极小，仅在显微镜下可见。随后扩张为肉眼清晰可见的东西。在过去的几天里，这些生长中的茎段里的细胞不断分裂和扩张，并且因为气温变暖而加快了速度。这一速度也受内部控制因素——GAI蛋白——的调节。我们知道这一点，是因为与正常植株的茎段相比，赤霉素缺乏突变型的茎段较短，且其中的细胞更小，数量更少。根据"解除抑制"的假设，赤霉素水平的降低增强了GAI所施加的生长抑制。"解除抑制"解释了可见的茎由其不可见的分生组织前身发育而来的过程。

这条茎获得其特性的原因是它通过细胞增殖实现生长。这个过程具有一定程度的可预测性，又有一定程度的随机性。当将要成为茎段的细胞群离开分生组织时，仅有数百个细胞。而当它的生长完成时，它将包含数以千计的细胞。有些机制在控制这一过程，对增殖速度进行总体指导，限制分裂和扩张的方向，但并没有一张命运图来指挥各茎段的建造，没有精确的模式告诉每个细胞该如何做。在这个方面，茎与叶的生长类似。每个细胞谱系虽然在一定程度上受到"规则"的约束，但在约束中享有一定的自由。如果考虑到数以千计的细胞拥有各自的自由，每个细胞都在具有非决定性的约束力的规则下做出自己的决定，那么很快就能看出，任何一个茎段的细胞构造都不可能与其他茎段完全相同。

看着这棵植株的茎，我看到了相互交叠的两种东西，一种是熟悉和可预测的，一种是奇特而神奇的。组成这个世界的事物既在意料之中，又在意料之外。

4月27日，星期二

一个新想法

前几天天气不错。温度为18—20℃，乳白色阳光穿透云雾。这样的天气令人生出一种深深的满足感，最适合思考。

今天去了厄勒姆森林看蓝铃花。花开得非常壮观。我坐在一截木头上，像一座被蓝色和微苦的百合香味环绕的岛屿。海洋广阔无垠，分出几个层次：顶层是蓝紫色的花朵；然后是绿色的茎，它们彼此平行，垂直于地面，整体直立，只有顶端弯曲，融入开花的部位；再然后是底层的叶片，有光泽的绿色条状叶在茎的基部周围呈辐射状散开，彼此相接，被触摸或踩踏时吱吱作响。海洋之上，透过水青冈和欧洲七叶树正在伸展的叶片缝隙可见天空。下面是泥土：去年的落叶腐烂后变成了褐色，散发着霉味。

花朵明暗不同的蓝色和紫色十分精致。颜色并不均匀，饱和度受到结构的限定或限制：花瓣外侧的中轴有一条深紫色的线，两侧则是较浅的紫红色。每朵花有 6 片花瓣围成一圈，环绕着 6 枚炭灰色的花药。花药长在紫红色的雄蕊上，全都围绕着雌蕊。雌蕊圆形的基部是浅紫色，沿着花柱向上颜色逐渐加深，顶部的柱头颜色特别深。色彩的分布如此微妙而精确。

在这许多蓝铃花中，有一株的形状和形态都与其他蓝铃花别无二致。然而，它是一棵耀眼的白花植株——成为本该顺滑流畅的蓝色纹理中一个孤单的亮点，格外突出。这是一棵突变植株。在它携带的成千上万的基因中，只有一个发生了变化。这个基因的 DNA 序列里发生了小概率的变化，该基因在正常情况下编码一种酶，其参与的代谢途径可生成标志性的蓝 / 紫色素。突变型基因不再起作用，无法产生色素，因此花是白色的。

我全神贯注地坐在那里，被蓝铃花环绕着，我感受到一种持久的快乐。我知道我永远不会忘记这一刻。我的大脑分子会将其作为一件特别的事物留存下来。我还意识到，我将要留存的这个景象是由分子构成的——GAI控制着蓝铃花的叶和花瓣的生长；酶产生为花朵着色的色素；那些蓝色素本身也是分子。

我有了一个新的想法。将植物生长的"解除抑制"与"组织膨胀"模型联系起来——该模型将生长想象为由水压，即细胞的膨胀或鼓胀驱动。这个想法能成形吗？不知道。

4月28日，星期三

天空晦暗。持续大雨。地面湿透了。十分适宜拟南芥植株的生长。但我今天见不到它——我要去南安普顿参加研讨会。

4月30日，星期五

生长的力量

我又回到了苏林格姆。上次来是星期二。在我离开的这段时间里，拟南芥的生长速度惊人。现在茎长高了半英寸。毫无疑问，这几天连绵不断的雨水加速了它的生长。地面湿透了，河流水位升高，沼泽变成湿地。欧洲七叶树的叶片非常大。

我曾经写过，这棵植株的生长是两种相反的作用力的产物。GAI发挥抑制力，能抵消一种推动力。但这种推动力是什么？在某个层面上，这种力可以看作源自泥土。泥土推动植株生长，产生一种压力，促使茎和叶扩张。那么，这种压力的基础是什么？它从何而来？这实际上是由水作为溶剂的性质造成的。植株细胞中的水不是纯水，而是一种溶液：溶解了其他物质的水。在抽象的层面，细胞的细胞质可以看作由包裹在外膜中的大分子构成的浓缩液。相反，土壤中的水是较为稀薄的溶液。正是两种溶液的浓度差产生了压力。水分子可以穿过膜，但细胞质溶液中较大的分子无法穿过。这个系统不可避免地趋向于平衡状态，在膜的两侧达到溶液浓度相同的状态。由于大分子无法穿过细胞膜从细胞进入土壤，因此唯一能接近平衡的方法是让水从土壤进入细胞。结果就是带来压力。

这种压力持续挤压着细胞壁。今早我清楚地看到了它的影响。没有它，茎不会如此坚定地挺立在风雨中。植株的细胞肥大，因充水而鼓胀。仿佛这棵植株是一个喷泉，是由地下水压支撑的可见形态。

这种压力也是驱动植株生长的力量。在某个层面上，它的运转原理是，生长是两种相反的作用力的产物。来自细胞壁的抑制力，以及来自土壤的水压的推动力。当生长开始时，基因被激活。这些基因编码的酶能削弱细胞壁，使构成细胞壁的纤维赖以相互结合的化学键松动。由于细胞壁的约束力减弱，所以细胞在挤入细胞中的水的压力下扩张。随着细胞的扩张，它会产生新物质来修补细胞壁，并将其加固。

能量通常被认为是做功的能力。那么促进生长的能量主要来自哪里呢？有产生水压推动生长的功，也有构建新的细胞壁物质的功。这两种形式的功的能量都来自太阳。阳光促进细胞的新陈代谢，而新陈代谢在膜内外形成浓度梯度，从而产生压力。新的细胞壁物质也是新陈代谢的产物。归根究底，生长就是阳光。

几天前在蓝铃花盛开的树林中所领悟到的，有可能是同一回事。

GAI发挥着抑制生长的力量。以前我以为GAI和细胞壁都有抑制作用。但是在那一刻，我突然意识到，也许这些力量的表现有共同之处。甚至也许是同一回事。这能够成为新线索的基础吗？我终于想到了新的东西？

5 月

5 月 1 日，星期六

去了诺福克北海岸。在乳白色的阳光下前往霍尔汉姆（Holkham）。各种树木上下起伏，它们的叶片正在膨胀和伸展；有些还是芽，有些正在开裂，有些已经平展，这一切过渡阶段，如此富于变化。在霍尔汉姆，有一片广阔的沙滩，海水为其镶上一道蓝边。

开车回家时，月光照在路上。对比一下地球的肥沃和反射出这道月光的月球的干旱。而且，95%的宇宙是由黑暗的东西构成的：暗物质、暗能量。与构成我们的东西完全不同。如此陌生，其本质根本不为人知。

5月2日，星期天

GAI 功能的普遍性

如前所述，*gai* 突变植株与正常的拟南芥植株截然不同。矮化，颜色较深，绿色更浓重。即使施用赤霉素，矮化也无法扭转。而且 *gai* 突变体会将赤霉素累积到比正常植株更高的水平。在正常植株中，赤霉素可以调节自身水平。由于 *gai* 对赤霉素毫无反应，这种调节不再起作用，所以赤霉素水平会上升。最后，*gai* 突变是一种显性突变。

但有一个重要的问题始终伴随着我们对 *gai* 的关注。这个令我们如此着迷的东西只是一个特性吗？虽然本身十分显著，但只存在于拟南芥植株中，只与数百万物种中的这一种有关？还是说我们的观察反映了一些更为基本的、有共性的东西？

我们需要回答这些问题。有一个相关因素是，它在具有与 *gai* 相似性质的其他物种突变体中也存在。例如，玉米 *D8* 突变体是矮化的深绿色植株。正常玉米植株高达 6 英尺以上，而它只有 1 英尺高。叶片是宽匕首状，不长，薄。这个突变体看起来像其他缺乏赤霉素的玉米突变体，但施用赤霉素不能使其恢复正常。此外，*D8* 突变体的赤霉素水平很高。最后，*D8* 突变体是显性遗传。而且，有一种小麦突变体，即 *Rht* 突变体，也表现出一系列相同的性质。这些与 *gai* 相似之处很吸引人。其中孕育着可能性。也许它们表明了我们所追寻的联系。

虽然玉米和小麦彼此密切相关，但是拟南芥与这两者的关联都很弱。如此迥异的植物，它们的生长真的是由某种共有的东西调节的吗？

这种东西会是 GAI 吗？

当我们想到这一点时，有几个不同的植物 DNA 测序项目正在进行。通过对比 GAI 和 gai，我们已经知道，DELLA 区域对 GAI 的生物学特性至关重要。因此，我们想弄清楚，在现存的除拟南芥以外的其他植物 DNA 序列数据中，能否找到一个编码 DELLA 区域（或与之相关的东西）的序列。

令我们十分激动的是，我们确实有所发现：能激发想象力的东西。水稻中一个编码与 GAI 的 DELLA 区域密切相关的某种东西的序列。虽然在水稻中尚未发现类似 gai 的突变体，但水稻与玉米和小麦密切相关，而且这个新的序列，为从玉米和小麦中分离出类 GAI 基因提供了途径。

但在除拟南芥以外的其他物种中发现类 GAI 基因，并没有真正回答我们最初的问题。从根本上说，这个问题是关于功能的，而不在于这些基因是否存在。然而，发现这些类 GAI 基因使我们得以解决这个关于功能的问题。这个问题可以调整为：玉米和小麦的类 GAI 基因能否以 GAI 调节拟南芥生长的方式来控制生长？特别是，D8 和 Rht 突变体是否携带类 GAI 基因突变（正如 gai 突变体携带 GAI 基因突变）？

到这一步，我们遇到了巨大的困难。有时科学就是这样。阻碍前进的技术问题，带来使人头脑发昏的挫折。一件原本应该很简单的事无法完成。如果已知某个 DNA 片段（如小麦和玉米的类 GAI 基因）的序列，理论上可以通过一个名为聚合酶链式反应（PCR）的过程直接在基因组 DNA 中放大该序列。对于拟南芥植株的 DNA，这一过程通常可以毫不费力地完成。但被 PCR 放大的序列的本质也会影响 PCR。小麦的**类 *GAI* 基因**无法被放大。但我们必须做到，因为我们需要对比正常小麦植株和 *Rht* 突变小麦植株的**类 *GAI* 基因**的序列。

为了解决这个问题，我们努力了几个月，绞尽脑汁尝试了各种工艺上的调整。因为没有明显合理的方法，所以尤为困难。这变得像烹饪——带着盲目的希望变换菜谱。然后，有一天，成功了。我们无奈之下尝试了调整工艺，使其有助于放大较长的 DNA 片段。我们试图放大的片段并不是特别长，也没有什么实际的理由能指望这种调整会奏效。但确实奏效了。

我们终于能够确定 *D8* 和 *Rht* 突变体中**类 *GAI* 基因**的序列。结果十分令人兴奋。这些突变体中的**类 *GAI* 基因**是突变型。*Rht* 小麦中的基因与正常小麦的基因不同。*D8* 玉米中的基因与正常玉米的基因不同。我们可以得出这样的结论，正如我们此前在 *gai* 突变拟南芥植株上发现的一样，*D8* 和 *Rht* 突变体中的**类 *GAI* 基因**突变也导致了标志性的矮化。

我们回答了这个问题。我们已经表明，与 GAI 非常相似的蛋白质控制着玉米和小麦的生长。由此我们可以进行推断。提出所有植物的生长都是这样控制的。从圣玛丽教堂的标志性的拟南芥，到它周围的欧洲七叶树，再到沼泽地的芦苇。在北海之外，在欧洲、亚洲和美洲大陆，GAI 的活动塑造了整个世界的景观。

这个新进展如此令人信服，还有另外一个原因。之前，我们已经表明，突变 gai 蛋白抑制植株的生长，因为它的结构与 GAI 蛋白不同。因为它缺乏组成 DELLA 区域的特定序列。现在我们发现，*gai* 基因

的突变与 *D8* 和 *Rht* 突变体中的**类 *GAI*** 基因突变非常相似。每一个突变的**类 *GAI*** 基因都会编码被改变的蛋白质，并且这些改变发生的位置与 gai 大致相同。本质上，由 *D8* 和 *Rht* 突变基因编码的突变蛋白质，就像 gai 一样，也有异常的 DELLA 区域。根据"解除抑制"假设，DELLA 区域的改变使得这些蛋白质抑制生长，并抑制赤霉素的相反作用。因为这些蛋白质本质上都是一样的，因此我们以它们共有的某种东西重新为其命名。DELLA 区域。我们将它们称为 DELLA 蛋白，或简称 DELLA。

DELLA 影响着我们的日常生活。大多数现代的小麦品种携带 *Rht*，即编码矮化 DELLA 蛋白的突变基因。这些矮化品种的籽粒产量高于那些植株较高的普通品种。含有 *Rht* 的小麦品种首先是"二战"后在墨西哥培育出来的。随后这些品种席卷全球。世界粮食产量增加。对一部分人来说，饥荒得到缓解。如果没有如此广泛地种植含有突变 DELLA 蛋白的小麦，我们的世界现在会是什么样，会出现怎样的政治或社会变化，谁知道呢？

我在这篇日记的开头提到了普遍性的问题，我将也以此作为结尾。我们发现 DELLA 控制小麦和玉米的生长。这表明，DELLA 是控制所有植物生长的基本要素，我们的精力并没有花在某些边缘的或特异的，只与拟南芥有关的东西上。

5 月 4 日，星期二

从星期天开始，天气寒冷潮湿，不时有阵雨。大雨落在地面上，又反弹起来。今天依然潮湿。雨水不断，当我骑车上班时，雨水渗进

种子的自我修养

了我的衣服。天气不再温暖柔和。严峻、寒冷，活力仿佛都被抽走。这是一场倒春寒。

夜里我冷得难受。当寒冷不知不觉地袭来时，我常常会有这样的感觉。我醒来，感到紧张。心跳加速，口干舌燥，有恶心的感觉。不知道是太热还是太冷造成的，我的大脑太迟钝，分不清。但最终我意识到，当然是太冷了。我把暖气开大，然后等待温度恢复正常。奇怪的是，我感觉到了压力，但没觉得冷——尽管冷是事实。在白天，当我头脑清醒时，我就知道了。

感知能力是生活的重要组成部分。我对环境做出反应，根据其变化改变我的行为。但拟南芥植株可能更为敏感——对光照与黑暗、温度、干旱等。它与世界的联系更紧密，因为它的位置是固定的，它无法逃脱逆境。

昨晚我醒着躺在床上，我意识到，距离上一次认真描述这棵植株当时在无知者眼中的状况，已经过了一段时间。我应该做这件事，因为自上次之后，已经发生了这么多变化和进步。但今天不行。要忙着开会，还有行政和管理等，这是科学的附属品。

我的新想法已经停滞。不知该如何通过实验来证明。所以又要回到思考阶段。

5 月 6 日，星期四

腋枝的萌发

几天的降雨过后，植物的反应是显得生机勃勃。纯粹的绿色如此振奋眼睛和心灵。真是太美好了。但在写下这些的同时，我意识到了自己有些不适。虽然惊叹是恰当的反应，但是某种东西阻碍了它的表达。尽管如此，我能感受到。我会这样写，将喜悦充分表达出来。

去了圣玛丽教堂。墓地周围的欧洲七叶树此时灿烂辉煌。短短几周前，它们还是一些光秃秃的细枝，视线可以轻易穿透。现在它们有着绿色的钟形树冠。年轻的躯体像天鹅绒般，肉感柔滑。叶片几乎完全展开。从芽尖长到现在这样，只用了一周左右的时间——真是惊人。

拟南芥植株也是如此。也许不是那么壮观，当然也不像欧洲七叶树那么繁茂。但它代表它本身、树木以及所有的植物，就这一点来说，它仍然意义非凡。茎比上次长了一点。但植株仍未开花。花还没有开放，仍是紧闭的芽。位于主茎和莲座交界处的腋芽开始长出新的茎。每条茎的末端都有一簇花芽。

5月8日，星期六

另一个危机

我想我早就知道，这样的事迟早会发生。

首先，春天在最近几天里退回到了冬天的边缘。今天有风，有一束束耀眼的阳光和浓浓的乌云，还有突如其来的雨。虽然春天的进程停滞，但我很享受这样的日子，享受这种刺激、能量和悬念。在享受的同时，我想到拟南芥植株的生长，想象它不断壮大的茎，倍感愉悦。我在去往圣玛丽教堂的路上想到这些；想到水无处不在：在湿润的泥土中，在潮湿的天空和空气中，在我的植株中。水是连接植物和泥土的媒介。我一路踩着水花，在山楂树下躲了一会儿雨。经历了几分钟早春的单调的光线、寒冷和硕大的雨点。阵雨过后，我继续骑行。

当我进入墓地，走向坟墓时，我震惊了。那棵植株被吃掉了。茎在靠近基部的地方被切断了。残余的部分正变成褐色，顶部有一颗小液珠。叶片基本没了，莲座只剩一片扇形区域。

受损的拟南芥植株。

这是一记重击。植株被砍了头，基本已经损毁。被另一种生命体吃掉了。也许是兔子？试想一下：在几秒钟的时间里，一只脏兮兮的兔子，带着满身跳蚤，怒气冲冲地吞掉了我的植株。

不仅如此，另外两棵长在坟墓一角的拟南芥植株也被吃掉了。其中一棵完全消失了，另一棵也被摧残得难以辨认，但没有我那棵植株那么严重。上周我注意到，拟南芥植株附近有一些纤细的绿色草茎开始覆盖坟墓的一部分，现在它们也变短了。

它现在在哪儿？我沮丧地想。那只兔子在哪儿？毫无疑问，就在附近的某个地方，在它的洞里睡觉，或者藏在树篱里。大概再过一天，它就会处理好植株的残骸。将一个小而圆的，沾满黏液的褐色小球通过直肠排出，留在地面上。就这样完了。项目结束。

第一眼看到这个场景之后，我的思维方式有些异常。我看着剩下的植株，受损较轻的那棵。也许我该转移注意力，在我的研究中观察这棵幸存的植株？但我不愿意这样做。这似乎是错误的。违背了这番努力的精神。

一朵云飘过来，高悬在墓地边缘的欧洲七叶树的上方。顶部闪烁着紫色，与阳光融合处是明亮的橙色。从它下面落下许多冰雹，在我看来像一群蜜蜂，但它们划出一道道向下的线条，仿佛蜜蜂知道它们要蜇的目标一样。突然出现一道闪电，然后雷声爆响。闪电刺眼，我的视线从天空转移到地面。我在想这一切的原因。这一切是为了什么呢？一个生物吞噬另一个生物，结果自己也被吃掉，或者最终被分解，归于泥土。

然后下起了冰雹，击中我的脖子。白色的石子在残余的植株周围跳跃，使它在连续的击打之下战栗。又一次欺辱。

冰雹过后，是大雨。我站在墓地里，无遮无挡，没几分钟就湿了，衣服很冷，紧贴着皮肤。突然感到害怕。惧怕死亡。从前我没怎么想过。我已经过了否认死亡必然性的人生阶段。

也许我需要一点时间，就像现在这样，让我的思想坚定起来。我们该怎样接受它呢？

5月9日，星期天

保护结构

醒得很早，天还没亮。为了慰藉心灵，在天光渐亮时，我去了惠特芬，去听那里的鸟鸣。现在无风，昨天的风暴结束了，但还是很冷。

沼泽地里的水很多——湖泊和树林中的湿地水位很高。进入树林时，一阵纯粹的声音传入我的耳朵。是鹪鹩的狂欢。灌木丛中传来点状分布的细微噪声，在我的四周跳跃，一段段鸣唱潺潺流淌。音调和节奏交织成一片织物，恰好补全了树枝、细枝和树叶所构成的布料。

有野鸡的咯咯声（像电量不足的电池带动马达的声音），啄木鸟的敲击声。大山雀发出的跷跷板起落声偶尔会盖过其他所有鸟鸣。乌鸫发出颤音。不同的声音此起彼伏，令人着迷。这是地球的合唱。地球在歌唱。

后来我看了一眼沼泽边缘，就像一个两种色调的双层冰淇淋。上层：褐色。下层：莎草—灯芯草—芦苇的绿色。绿色正在上升，将要穿过褐色。多么从容不迫的进展。多么狂热的冷静。

然后我去了圣玛丽教堂。现在空气逐渐变暖。太阳已经高高升起，有一种充满期待的感觉。但到了那儿，我发现了新的损伤。昨天相对完好的植株现在已经完全消失了。我自己的植株只剩了几片叶片。

尽管我以前有顾虑，尽管现在看起来也希望渺茫，但我还是插手了。我带了一段铁丝网，用它做了一个临时的笼子，罩在植株上，边缘用帐篷地钉固定。天知道，要是照看坟墓的人回来了，会怎么看待这个奇怪的构造。无论如何，我希望它能阻止兔子靠近。

奇怪的是，现在我对已经发生的事释然了。兔子（如果是兔子的话）在我心里不再那么不合时宜。毕竟，我所目睹的是正常的生命。植株的生命现在成了兔子的生命。每一天，我们的生命都靠死亡来维持。兔子会杀戮。我们都会为了获得食物而杀戮。明天我们可能会吃掉兔子。这是一个永恒的循环。

我将帐篷地钉敲入地面，钩状的末端将铁丝笼的边缘牢牢地固定在地上。当然，兔子仍然可以通过打洞进入这个受保护的区域。但我觉得为了仅剩的叶片，不值得那么费劲。

太阳暖暖地晒着我的背。我停下手中的工作，站了起来，眺望教堂塔楼后面的天空。一片灰蒙蒙的暴雨云向我飘来，雨水和冰雹直线落下。天空中有两道完整的巨大彩虹，一道位于另一道前方，所以塔楼似乎在它们的中心。两道彩虹像槌球球门一样扎入地面，形成一个个矢量可以通过的隧道。它们的颜色如此浓烈，紫色尤为浓重，我从未在其他彩虹上见过。它们使我惊叹，也增添了几分希望。我检查了帐篷地钉的牢固性，然后在第一场雨开始落下时，回到了诺维奇。

5 月 12 日，星期三

关于发信号

天空仍然灰暗。凉爽，潮湿。当我骑车从大学前往研究所时，我闻到了今年第一缕夏季沼泽的芬芳。我不知道这是什么——当然，是空气中的芳香分子——我是说，我不知道是哪些植物散发出这些特别的气味。但我知道，受到气味的刺激，心灵发生了某种变化。

此刻我正在思考这个问题，因为我下周要去布列塔尼参加一个会议。会议的主题是：植物信号通路之间的关系。我们现在的想法大致是这样：有一个信号，从一条链上的一个节点传送到下一个节点（从实体到实体），在细胞里形成一个线性通路，直到激发响应。就像从开关到电线，再到电灯。这个模式说得通。有许多由如下一系列成分组成通路的例子：蛋白质 A 与蛋白质 B 连接，而蛋白质 B 改变蛋白质 C 的活性，等等。但是我想知道，这一切的意象是如此强烈，以至于它强迫我们的思想或看待事物的方式，将其挤压成一种扭曲了现实的形状，而现实是我们忽略了某些东西。例如：也许互动通路构成的网络整体比通路本身更有效？

种子的自我修养

5 月 13 日，星期四

今天早上，这个世界出现了新的东西。阳光的质量有所变化。当我拉开窗帘时，阳光流淌到房间里，柔和的香蕉黄，使人想在其中徜徉。不再硬邦邦，不像冬天那样是矢量的。空气中恬静而湿润的温暖，柔软而温和。

昨天，我想过要去看看拟南芥植株。但既然没什么非去不可的理由，跑一趟苏林格姆对我来说实在太麻烦了。我确信它很快就会彻底死去。就在不久的将来。今天，明天，或者后天。所以我没去。况且我有这么多工作上的事要忙，要在动身去法国前理顺。

但今天我去了。我骑着车，沿着河边的小路，进入"树林尽头"。我挽起衬衣袖子，露出手臂，感受阳光和微风，到处都是明灿灿的黄色。小路中间有一溜凸起的草，两边是覆盖着温热砂石的平行路面，再往外，两侧是蒲公英和款冬的黄色头状花序。到达苏林格姆前，我去惠特芬待了一会儿，这里遍地是榕毛茛和毛茛，千百万朵小花在阳光下盛放，苍蝇在绿意渐浓的沼泽中嗡嗡飞行。我眺望着平坦的地平线和上方的蓝天，看起来很不公平，在这个万物欣欣向荣的时候，我那棵独特的植株却很可能被杀死了。如果那只兔子吃的是其他东西该有多好。

我继续前往圣玛丽教堂。我在坟墓边缘跪下来，开始拔起帐篷地钉，把铁丝网从被覆盖的植株上剥掉。植株受损的叶片正在进一步枯萎，褐变干枯的部位越来越大。绿色还在减少。我伸手去摸它，手指划过越来越粗糙的地方。然后，我用指甲掀起一片鳞状叶片的边缘，我发现它下面还有另一片叶。一片绿色的，活着的，未受损的叶子。我之前没有注意到的一片叶片。

我仔细地看了看。我惊讶地发现，在叶柄和茎的交界处，有一簇小小的鼓胀的花蕾。这些花蕾的圆顶碰到指尖的皮肤，就像一个个小尖头。

我恍惚了一秒钟的时间，才完全认出我所看到的事物。然后我意识到了。太棒了。苟延残喘。在过去这三天里，我已经放弃了这棵植株，以为它死定了。但现在它有可能活下去。希望渺茫？是的，但终归是希望。有一瞬间我想到了复活，虽然它从来没有死过。

这一切的生理机制是什么？在植株几乎被摧毁前，茎尖与地上的其他部分进行了交流——通过一种被植物学家称为生长素的激素。生长素先在茎尖产生，然后沿着伸长的茎向下传送到基部的莲座中。在莲座与其附着的茎基部之间，在它们相接的小角落里，是休眠芽。它们的生长受到生长素的抑制。我以前没有注意到，吃掉植株的那种动物还留下了这些完好无损的休眠芽。既然生长素的源头消失了，之前受到抑制的芽就加快了生长。芽和茎开始生长。其中蕴含着潜力。已经有了花（还只是紧闭的花芽）。再过几天，茎会伸长，从干枯的莲座中将花托起，犹如凤凰涅槃。

无论如何，这就是希望。问题是受损的植株是否有足够的力量来支撑花朵的生长和结果。它能否产生足够的食物来维持生命？

我又高兴起来，为这新的生长带来的希望而高兴。

我重新用铁丝网覆盖了植株，然后迅速地骑车回家。全程只用了20分钟！我用食指和拇指捏起一撮茶叶，放进一个旧的白色马克杯里。倒入沸水。看着茶叶旋转、沉淀，然后静止。当它们的运动减慢时，褐色的叶片细胞汁液渗出，逐渐渗入水中。我吹着气，把茶吹凉一些。我吹出的气使水面短暂地出现了闪烁的波纹、水花和凹痕，而水下的茶汤和其下方吸了水的茶叶丝毫未受干扰——正如潮水潭脆弱的池底不会被经过水面的海风所动摇。现在我已经喝了茶，坐了一会儿，看着茶叶沿着红茶汁弯曲的液面附着在马克杯的杯底。我能看到那些曾经携带水、盐和能量，曾经为细胞提供养分的叶脉和导管。这些维管是由树枝、茎和叶组成的连续体的一部分，它们通过茶，使我与太阳联系起来。我感到它的光温暖着我的心灵。

5月15日，星期六

凌晨4时55分，我坐上即将出发前往伦敦的火车。再从伦敦乘坐前往巴黎北站的"欧洲之星"列车，穿过巴黎，抵达巴黎蒙帕纳斯火车站，再坐TGV（法国高速列车）到莫尔莱（Morlaix），然后乘坐巴士前往布列塔尼的罗斯科夫（Roscoff）参加关于"植物信号交流"的会议。

一切都非常令人兴奋，尽管闹钟在凌晨4点响起时，起初我着实有些恼火。现在我十分清醒，随着阳光加强，我的大脑加速运转。我觉得这是我近来的模式：醒来后一个小时左右，大脑的活跃度达到顶峰，话语滔滔不绝。接着是持续几个小时的平台期，然后在剩下的时间里逐渐减退。

随后疾驰经过诺福克和萨福克的绿野。经过有锐刺的山楂树篱，偶尔瞥见黄色的油菜田。

上午 11 点半（法国时间）。现在在"欧洲之星"上，在法国北部的平地上飞驰，驶向巴黎。先前是在英格兰一侧的伦敦南部，一树树开花的欧洲七叶树令人应接不暇，而后渐渐融入远方朦胧的地平线。

我在想这段旅程中是否会有灵光一闪的时刻——让意识与更加敏锐地感受现实的感觉相结合。一个长留记忆的时刻——就像一两天前我喝茶的时刻一样。每个人都会经历这些事情。但是它们太过短暂，且不可预测。有时我从科学中得到这样的体验，从突然发现事物契合时强烈的愉悦感中感觉到。有时是从独自旅行时满心的宁静中得来。比如许多年前有一次，坐在火车的末节车厢里穿过剑桥郡的沼泽地，我面朝后，看着那些又长又直的平行轨道渐渐远去，融入闪亮的地平线。最好是能产生我需要的新想法。但到目前为止还没有，尽管我很开心。

下午 2 点零 5 分。坐 TGV 前往雷恩 / 布列斯特。四个小时的宁静——我可以独坐思考——彻底的轻松感。我要打个盹儿，休息一下，如果想到什么就写下来。实际上，这次的火车旅行让我再次想到线条、路径、动力和速度，以及我们有时候是如何以线性的方式来理解科学。有一个信号，也许是赤霉素。它被一种未知的受体蛋白所识别，从而激活了受体。于是，受体有所动作，修改另一种蛋白质（蛋白质 A；我们出发了：刚刚透过热浪看到埃菲尔铁塔），然后信号得以传递。这是一个步骤：信号从受体传递到蛋白质 A（未知），然后蛋白质 A 修改蛋白质 B（也是未知的），蛋白质 B 修改蛋白质 C（未知），然后如此这般，直到信号到达 DELLA（从蒙巴纳斯火车站开出仅 20 分钟，现在就急速穿过了美丽的乡村——树林、绿色的小麦、马儿站在天然牧场上）。对 DELLA 的修改解除了 DELLA 施加的限制，允许植株生长，即我们能看到的对赤霉素信号的反应。信号的传递很快。它能在几秒钟内完成这一连串步骤。

车窗外的法国看起来很美。广阔的草地上开满了毛茛花。巨大的空荡荡的乡下火车站沐浴着阳光，有种空旷感。

5月16日，星期天

我从酒店的窗口俯视罗斯科夫的小广场。别具风格的建筑——铁艺栏杆，窗外有百叶窗，窗框边缘装饰着砂岩。还有教堂塔楼，昨晚传来的钟声抑扬顿挫，打乱了我的情绪 / 回忆。

但是现在我有些担忧。今天上午有我的会议发言。焦虑与兴奋交杂。但我认为会顺利的——我的大脑中闪现出种种关联，这通常会有用。

5月17日，星期一

我的发言很顺利。演讲流畅，没有停顿，而且自信（并非总是如此）。最后有人提了一些有意思的问题。然后，我坐下来，听其他人发言。有一些漂亮的拟南芥植株照片，叶片在阳光下闪闪发光。还有一些柔毛和根的照片。我很自然地回想起远在苏林格姆的植株。不知道它怎么样了？是否努力在残余部分的基础上再生？能否恢复充足的活力，让植株开花结果？

外面是曚昽的阳光，凉爽而带有咸味和海草味的微风。能看到波光粼粼的蔚蓝大海中的裸露岩石和岛屿。我们都在这里，关在里面。在一个遮光的房间里，看着投射在幕布上的各种植物和结果，谈论或讨论着这些可能意味着什么。虽然我认为我们做得对，这是一种必要的人类活动，但我真希望能够将房间里面发生的一切和房间以外的事物更紧密地联系起来。

会议大楼外有一片墓地，沐浴着阳光。由于干旱，这里寸草不生。只有坟墓和碎石。完全不同于圣玛丽教堂的郁郁葱葱。

5月19日，星期三

我在从莫尔莱返回巴黎的火车上。我累了。精疲力尽。诗歌、才智、口才，都用尽了。眼皮盖住眼睛时感到干涩。我马上就要睡着了。

但这是个很好的会议。很高兴见到老朋友。而且，我更加确信DELLA是生长以及植物生长中许多方面的关键。这几天我听到的那么多话都指向这个方向。虽然在大多数情况下这些话只代表可能，还没有充分证明，但我很喜欢有一致的可能。

在接下来的几天里，今天、明天或者是什么时候，我要写一份资金申请书，为我的实验室科研争取更多资助。我必须找到一种方式，赋予它意义，让DELLA发光发亮。但现在我没有这个心思。事实上，我又听到我的脑中响起那种沮丧的声音。因为我累了，我想。而且我仍不知道该往哪里去。如果我不知道该往哪里去，我又怎能写出一份打动人的资金申请书呢？这个"缺乏思路"的问题越来越严重了。

5月20日，星期四——耶稣升天节

关于"主要调节剂"

在回家的路上。今天早上在巴黎散步，看着它随着时间的推移，像个有机体一样醒来。

然后去了巴黎植物园。温暖的阳光。入口处的角落里有一些高大成荫的树木，树叶呈现新绿，鸟儿在树枝上鸣唱。走进去，是长长的林荫道，植物经过法式雕琢和修剪，呈现出几何形。

然后坐出租车去了巴黎北站。车里播着音乐，很火爆。有个时髦装置的顶层随着节拍推上拉下，缝隙里透出巴洛克式的繁复和窗饰或传来尖利的感叹声。节拍连续不断，仿佛敲锣般的基调。稳固的底座和上方流动性之间的张力使它充满能量。我喜欢基本的东西。DELLA 同样是基本的东西。但是我们应该谨慎一些，不管是在写这些东西的方式上，还是在我们命名和使用术语的方式上。DELLA 这类东西常常被称作"主要调节剂"。我为这种共识感到不安。不喜欢"控制"的想法，"主"和"奴"的思想。这些形象的粗暴野蛮和丑陋与真实事物的优雅不符。但是，"主要调节剂"的想法有它的市场。它已经成为向前推进的一个出发点。

终于，我到家了。天气凉爽。有阳光，偶尔有暴风雨。花园显得丰盈而完整。仿佛春天已经过完了。我想，这就是夏天了。

5 月 21 日，星期五

我不在的这段时间，天气很暖和。但是今天有寒风，天空飘着乌云，偶尔有下雨的预兆。

今天傍晚，我带孩子们去了苏林格姆。希望那株拟南芥安然无恙。上周它似乎回到了正轨。迎难而上，是的；一触即发，肯定的；顶风航行，但仍在航行。

到了墓地，我们拔除了铁丝网。我很高兴地看到这株拟南芥还在生长。新的茎变长了，将花蕾托在空中。但茎很细，不像原来那样粗，像一根纤细的桅杆，还要挂上船帆。

我很高兴回到墓地安宁的氛围中；伴随着斑尾林鸽的咕咕声，四周环绕着庄严的欧洲七叶树，它们有着天鹅绒质感的绿叶（白色塔形花序快要凋谢了）。我将要记录拟南芥植株恢复的情况。在短短几天里，原先被压抑的腋芽已经成为正常运转的花序分生组织。茎段已经生成，并且扩张了。花蕾也成形了，被举得高高的，迎着微风。正当我看着那条脆弱而纤细的茎时，一只熊蜂嗡嗡地飞过，我的目光被吸引了，并随它沿着弯曲的路径越过那些坟墓。我看着这只蜂，直到它翅膀上闪烁的光芒消失在教堂塔楼那片点缀着燧石的耀眼的灰色中。此刻我的视野格外清晰，我看到了增殖。

植物的细胞正从残余的芽中增殖。增殖途径虽然受到抑制，但仍维持着它们正在建造的器官的组织结构。令人惊叹的是，生长如此有条不紊，扩张的茎节段仍保持原样，没有变成一个膨胀得不受控制的球体。也许这个事实如此普遍，在全世界长久以来都是这样发生，因此变得索然无味。但它仍然值得赞叹。突然间，我看待我的植株的方式全然不同了。正在重复构建的几个部位，像茎节、叶、萼片、花瓣、雄蕊和心皮等，都在其生长轴上以特定的顺序连接。每一个不同的部位，正是通过抑制增殖而形成的，从而成为现有的模样。

但爱丽丝和杰克感到很无聊，吵着要继续前往惠特芬。在惠特芬，我看到的是同样的情形，不管是在那些在微风中相互刮擦的芦苇叶子中，还是在树篱中开花的山楂树丛中。我看到了仍是重复的一段段。

种子的自我修养

一个由重复的有确定身份的"积木"构成的世界。但要注意，一定不要让这些积木块太坚硬。它们可以在外部事物的挤压下变形。它们之中没有两个是完全相同的。

爱丽丝开始玩杉叶藻。如果真有用积木堆砌的植物，那就是它了。它有一种朴素的美，从基部到顶端的部位不断地重复，一个叠在另一个上面。积木结合处是一个团扇的形状，像一片星形的雪花，由与主茎形成一定角度的更小、更细的枝条组成。植株整体在温暖湿润的沼泽中不断扩大。

我小时候也玩过杉叶藻。用手指蹭着它们，感觉它们在某个方向是粗糙的，在另一个方向又是光滑的，并为之惊叹。取一条茎，夹在两只手的指间，一只手夹住基部，另一只手夹住顶端，然后反向拉扯，增加茎的张力，直到它突然断裂。看看断裂处，却发现断口干净平整，没有明显的损伤，只是断裂后新露出的表面白而光滑。

茎会在两个部位的结合处断开。我记得我当时想过，也许有一个薄弱区，或者说比其他部分更薄弱的地方。所以当我拉扯的张力增加时，这个点会首先断裂。

我喜欢这个游戏，所以我又做了一次。享受着不知何时茎会断裂的不确定性，以及断裂后露出的平滑表面。我想知道是否会发生与之前一样的事。然后我又做了一次，一次又一次，直到所有的节点都断开了，最后得到一小堆非常相似的茎段。

然后，我又将这些茎段压在一起，发现它们由于断口干净，又紧密地结合在了一起。当我停下游戏，抬起头来时，我看到近处树上的树叶也是重复的单元。花的花瓣也是。再回头看那一堆茎段，我看见那些围绕着杉叶藻茎上节点呈扇形分布的枝条本身也是相互连接的单元，而且每个单元都是一个重复的结构。我看到了多层单元，单元之中的单元，不过当时我还不知道，这一规则如何向内延伸到看不见的部分，即构成茎和叶的细胞及其内容物。

与之相关的回忆，是几年后我降落在洛杉矶机场的时候。当时天黑了，随着飞机的降落，地面上一大片模糊的亮光变成了一些轮廓分明的光。然后变成一盏盏灯，橙黄、明黄，或亮白。每一盏灯都是整体的一小部分。常常连成一串：从线到灯，从线到灯。这次漫长的洲际飞行仿佛在我的脑中产生了一个怪异的思想框架，我看到我们整个世界都是这样构建的，那些单元不断重复，并且彼此相连。

5月24日，星期一

检验"解除抑制"假设

大片云朵遮住了天空的空隙。空气潮湿、温暖。有一种惬意的感觉。夏季使人放松。这是发自内心的。肌肉不那么紧张，散发的张力也减少。身体也进入了夏天。

回到关于茎段和重复单元的思考。茎通过扩张生长。先是在分生组织中成形，然后扩张。它们如何扩张？它们扩张是因为赤霉素克服了DELLA抑制生长的力量。

拟南芥包含5个不同的DELLA，尽管彼此非常相似，却各自有别。我以前写过 *GAI* 的克隆，以及该基因如何编码GAI，这是将要鉴定的第一个DELLA。后来，拟南芥基因组的全部DNA序列都确定了。揭示了3万（左右）个基因。其中有4个相关的基因：*RGA*、

RGL1、*RGL2* 和 *RGL3*。这些特定基因的 DNA 序列与 GAI 密切相关。它们编码的基因与 GAI 非常相似。这 5 种蛋白质都像 GAI 一样控制生长吗？这是下一个问题。

实际上，我们在基因组序列完成之前就知道 RGA。另一个实验室已经表明，RGA 根据赤霉素水平调节生长。但是基因组序列完成后，我们才知道我们接触的蛋白质家族的复杂程度。当蛋白质的氨基酸序列密切相关时，它们的三维形状也密切相关。具有相关形状的蛋白质通常具有相关的功能。由于 5 个 DELLA 彼此非常相似，所以它们似乎有可能以相似的方式来控制植物的生长。

现在来说说"解除抑制"的检验。DELLA 抑制生长。赤霉素通过克服 DELLA 抑制生长的作用来促进生长。这个假设的检验有赖于如下预测：如果 DELLA 抑制生长，同时赤霉素由于抑制了 DELLA 的活性而促进生长，那么同时缺少 DELLA 和赤霉素的突变体应该长得高，而不是长得矮。也就是说，缺乏赤霉素的植株矮化是因为它缺乏克服 DELLA 抑制生长的作用所需的赤霉素。但如果该植株既缺少 DELLA，又缺少赤霉素，那么就没有什么会抑制生长了。这样的植株即使缺乏赤霉素，也应该长得高。

"解除抑制"假设代表了一种新的关于生长的思维方式。多年来，学界一直认为植物的生长由赤霉素控制。但大部分人认为这是一个主动的过程，即赤霉素促进植物的生长。新的假设则提出了截然不同的观点，即赤霉素中和了某种抑制生长的力量。

这个假设不容易检验，因为它把 DELLA 的活性看作单一的东西。但是我们知道，DELLA 不是一个东西，而是 5 个。有 5 种 DELLA。

如果要完整检验这个假设，将需要一个缺乏这 5 种 DELLA 的突变体。光是找到缺少其中一种的突变体已经够难了。要找到造成每一种 DELLA 缺失的突变，然后通过杂交得到完全缺乏 DELLA 的品系，在当时看来几乎是不可能的。

但我们至少可以尝试对假设进行部分检验。我们已经有了一个缺少 GAI 的突变体、一个缺少 RGA 的突变体（由另一个实验室相赠），还有一个缺乏赤霉素的突变体。也许有可能利用这些突变体来对假设进行有限的检验。看看缺少 GAI 和 RGA（但仍含有 RGL1、RGL2 和 RGL3），也缺少赤霉素的植株，是否比缺少赤霉素但 GAI 和 RGA 水平正常的植株长得高。

于是我们开始实验。要了解其中的遗传学原理，请记住，植株中每个相关基因都有两个副本。实验中的所有植株都缺乏赤霉素。它们携带能造成赤霉素缺乏的突变基因的两个副本；这两个突变基因副本写作 gal-3/gal-3。该实验也涉及缺少 GAI 的植株。这些植株携带一个突变 GAI 基因（gai-t6）的两个副本和正常 RGA 基因的两个副本（所以写作 gai-t6/gai-t6 RGA/RGA gal-3/gal-3）。最后，实验还涉及缺少 RGA 的植株。这些植株携带正常 GAI 基因的两个副本和一个突变 RGA 基因（rga-24）的两个副本（所以写作 GAI/GAI rga-24/rga-24 gal-3/gal-3）。

通过遗传杂交，我们想要得到缺少 GAI 和 RGA 的赤霉素缺乏型植株。我们将缺少 GAI（gai-t6/gai-t6 RGA/RGA gal-3/gal-3）的赤霉素缺乏型植株与缺少 RGA（GAI/GAI rga-24/rga-24 gal-3/gal-3）的赤霉素缺乏型植株杂交。为了完成杂交，我们用其中一种植株播撒花粉的花药轻触另一种的花柱。然后是第一次等待。杂交成功了吗？授

种子的自我修养

过粉的花结出的角果里会长出种子吗？几天后，我们高兴地看到角果变长，并观察到角果表面因为内部种子的膨胀而变得凹凸不平。

我们拿出这次杂交得到的种子，给它们施用赤霉素，让它们萌发（如果没有赤霉素，它们就不会萌发），然后洗掉赤霉素，将种子种下去。这些种子长出的幼苗看起来就像赤霉素缺乏的矮化苗，像携带两个 gal-3 副本和正常 GAI 和 RGA 的植株。这正是我们期望的。这一代幼苗的每个基因都继承了一个来自母本的副本和一个来自父本的副本。由于母本和父本都有两个相同的 gal-3 副本，所以唯一的可能是下一代也有两个 gal-3 副本，因此它们缺乏赤霉素。而 GAI 和 RGA 的情况更为复杂，意味着新一代植株都有 GAI 和 RGA 的一个正常型副本和一个突变型副本（所以是 GAI/gai-t6 RGA/rga-24 gal-3/gal-3）。由于 GAI 和 RGA 基因的正常型相对于 gai-t6 和 rga-24 突变型为显性遗传，所以预计这些植株会看起来像 GAI 和 RGA 水平正常的赤霉素缺乏型植株。不出意料，这些植株长成了需要赤霉素才能正常开花结果的深绿色矮化植株。我们给它们施用了赤霉素，让它们自花授粉，并观察种子在角果中逐渐长大。

实验产生的下一代植株才真正具有启发性。这个阶段长出的植株将用来检验我们的预测。我们的预测是：每 16 棵植株中会有 1 棵缺乏赤霉素，同时缺少 GAI 和 RGA（gai-t6/gai-t6 rga-24/rga-24 gal-3/gal-3）。我们拿出这些种子，像之前一样处理，将它们种下，然后等待。我们会看到什么？当然，从一开始就是"我认为我能看到某种东西"。某种几乎可以确定的东西，引人遐想，因为你之前猜测会发生，而现在你认为也许已经发生了。然后对"我认为"的信心逐渐增强，变成了"我敢肯定"。在接下来的几周里，我们观察着这些植株的生长，越来越确信我们的预测将成为现实。

在这些植株中，有一些长得像正常植株一样高，所占比例与预期大致相同。尽管事实上它们缺乏赤霉素。长得高且缺乏赤霉素？听起来当然是矛盾的。在其他情况下，这些植株都会矮化。然而我们预测到了这一点。进一步的检验证明我们的预测是正确的，这些长得高的赤霉素缺乏型植株缺少 GAI 和 RGA。

对比正常的拟南芥植株、缺乏 GAI 和 RGA 的赤霉素缺乏型拟南芥植株（*gai-t6 rga-24 gal-3*）和赤霉素缺乏型拟南芥植株（*gal-3*）。

我们为此兴奋不已。假设已经通过了检验。实验的结果与预测一致。"解除抑制"是真的。与以往一样，这个新发现引发了大量新的问题。其中最重要的也许是，我们已经表明，赤霉素克服了 GAI 和 RGA 的作用。但我们不知道赤霉素是如何克服 GAI 和 RGA 的影响。

5 月 27 日，星期四

植物的花

这几天令人沮丧。开不完的会。阅读、评论和撰写资金申请书。9 月我将主持一个会议的讨论环节，我提交了摘要。有件事我想做但没能做，就是去看看拟南芥植株。明天我们要去马略卡岛待上一周！这很好，而且我也非常期待，但似乎时机不对。

但今天下午我设法挤出了一些时间。我看到了非常令人兴奋的东西。我看到一朵花。这棵植株终于开花了。我知道它会在今天开花。天气已经这么热了。

我出发的时候就已经很兴奋。在怀特林汉姆的污水恶臭中快速骑行，令我想到肉的腐败、生命的脆弱、人皆有一死。然后沿着长草的小路向上骑行，远离了恶臭，在"树林尽头"我卖力地推着自行车，爬上了山坡。我猜现在植株肯定已经开花了。

走近坟墓的时候，我凝视着铁丝笼，能看见网格下有一个小白斑点在迎风起舞。我知道我猜对了。第一朵花开了。

花开后，可以看到一组分层的同心圆。先是一圈萼片，一共 4 片，现在相互分离并反折，露出花的内部区域。然后是花瓣，耀眼的白色，也是 4 片，展开并垂直于中心。形成一个十字。再往里是下一层。6

根直立的雄蕊围成一圈，纤细的花丝顶端有黄色的花药，像一个骄傲的大头钉。最后是心皮，融合在一起，形成一个圆圆的雌蕊。顶端是一个有毛的柱头。

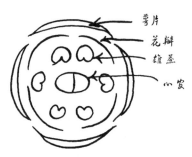

花的分层。在花的顶端和底部之间约一半处截取的一个理想化的横截面，显示了构成它的同心圆轮：萼片、花瓣、雄蕊、心皮。

这朵花是一个终端结构，一连串分生组织的最终产物。一开始，地上部分的分生组织产生螺旋状排列的器官。这个过程持续不断，没有明确的终点。首先，它作为营养分生组织，产生茎和螺旋状排列的叶片。然后，它作为花序分生组织，产生更长的茎，并围绕着茎产生螺旋状缠绕的花分生组织。然后它被破坏了。

但是那个被破坏的分生组织留下了花蕾分生组织。每个花分生组织本身包含一个终点。它的形式是确定的，有4个封闭的圆环，而不是连续的螺旋。4轮器官按顺序排列：先是萼片，然后是花瓣，然后是雄蕊，然后是心皮。到这里，器官的生成就停止了。所以花是分生组织发展的终点，也是顶点：从营养分生组织到花序分生组织，再到花分生组织。

营养分生组织→花序分生组织→花分生组织

分生组织的发育。

　　成熟的花是从花分生组织生长而来的。如前所述，器官的起源是凸起，即分生组织圆顶的侧面产生的细胞。但这一次，这些凸起呈环形排列，而不是螺旋状排列。一旦形成，凸起就获得其特有的身份：萼片、花瓣、雄蕊、心皮。获得身份之后，这些器官会长成特定的形状和大小。整朵花被封闭在最外面的圆环，即萼片内。

　　终于到了今天这个阶段：花的绽开。就在我看着它的这一刻，它仍在生长：花瓣展开，雄蕊花丝变长，黄色花药靠近柱头表面。

　　这是一个伟大的时刻。我从 2 月份开始这次观察。现在，在 5 月下旬，这朵花具有极为重要的意义。我曾以为我永远没法见到它。当然，我很喜欢今年所有的花朵——毛茛、雏菊、榕毛茛、蒲公英，还有沼泽地里的黄菖蒲等等。但它们带给我的愉悦与这朵花相比，不值一提。我想这是因为它有连续性，有叙事感。我见证了这棵植株从覆霜的莲座，经过几番波折，到最终开花的生长过程。还有另外一个方面。当花在微风中摇曳时，它还通过茎和根与泥土相连，通过叶片和叶脉与太阳相连。它是整体的一部分，而不是单独存在的。

　　现在我突然知道了，这个项目是为了什么。为了看见。锐化视线的焦点。

5 月 30 日，星期天——马略卡岛

　　度假。昨天我十分焦躁不安，长途跋涉使人疲惫。还要冒着炎热

寻找我们的住处。炎热像蟒蛇紧紧缠绕着行动和思想。噪声像疮口一样折磨人——车辆、孩子、气动钻、刺耳的嘈杂声。

但今天早上很美好。阳光在游泳池的底部跳跃。游泳池坐落于一片橙树林里。

我在思考事物的命名。关于我们科学家如何给出事物名称或措辞，关于科学的**语言**以及它如何影响我们思考的方式。等我有了更清晰的想法，我会写一写。

星期四，就在出发前，我看到了我们的论文，就是我在 1 月/2 月赶出来的那篇，现在已经在网上发表了。看起来不错。数据清晰，而且占了足够的篇幅。是总结，也是整合。是一篇很好的科学论文。

5 月 31 日，星期一——马略卡岛

这个地方（索尔，Sóller）是一个美丽的小镇。周围群山的美、阳光的热烈、色彩的活力，都是无可否认的。

今天上午，我从我们卧室的窗户望出去，越过一棵大棕榈树，穿过橙树林，阳光下光亮的树叶闪耀着光泽，绿叶间点缀着橙色的球体。我突然意识到，从未有人见过此刻我所见的一切，今后我和其他人也不会再见到。但如何充分捕捉此刻的独特性呢？

　　　　　　　　　　　　　　种子的自我修养

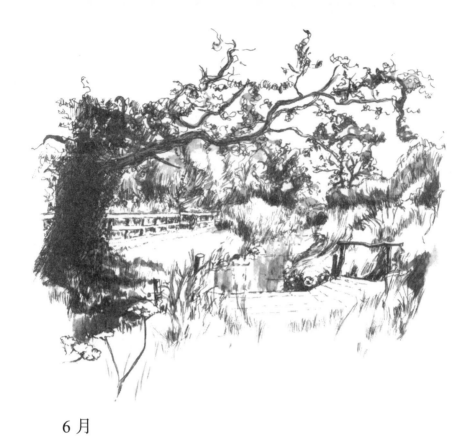

6 月

6 月 1 日，星期二——马略卡岛

　　尽管有微风，正午强烈的阳光依然灼人。去了几英里外的花园（阿尔法宾花园，the Jardins d'Alfàbia）。这里历史上曾经是苏丹位于马略卡岛这一地区的房子和土地，建在山间高处有山泉的地方。它的布局分为几个部分——一片凉爽遮阴的棕榈、冷杉和竹子林；一条小径，一旁是修剪整齐的树篱；棕榈树大道上有向下的楼梯。水的声音和感觉无处不在：从山泉中奔涌而出，在通往地下的沟渠中，在池塘和喷泉中，在小溪和小瀑布中滴落、流淌、唱歌。感觉水是驱动花园的力

量，特别是当孩子们在喷泉中跳舞时。

棕榈树的建筑和雕琢之美令人陶醉。这由分生组织构建。在过去的数十年里，那些微小的细胞球在维护自身的同时构建着树木。线条的质地都来自那个细胞球，包括树干的线条、棕榈叶的线条，以及它们的小叶的线条。其他线条都混杂在上方的树冠中，笔直的阳光光束穿过这些交错的叶，或在上面留下光斑。阳光和阴影形成强烈对比。

6月2日，星期三

蓝天，有雾，不那么热了。今天早上空气中有木头燃烧的烟味。这使我想到变化，想到转变；想到时间流转，季节更替，几乎到秋季了，作物的残茬在燃烧。大部分情况下，科学术语不会让人产生联想。它们缺乏共鸣。比如 GAI，是一个首字母缩略词，即赤霉素不敏感（*Gibberellic Acid Insensitive*）。再比如 DELLA，是来自氨基酸代码的首字母缩略词。这些是苍白的术语，没有感染力。难怪不能激起心灵的波澜。但也不总是这样。有什么比原子更能引起共鸣？还有正电子和电子以及引力？为了在科学思想中摒弃情感，我们需要付出的代价是乏味吗？也许我们需要一些像露台上的九重葛（又名三角梅）那样充满活力的符号？

6月5日，星期六

新想法

从马略卡岛回家——此时在飞机上写日记，勾勒残余的印象。这几天太棒了，我的精神因景色的变化而振奋起来。最棒的是，我有了一个想法。终于想出了推进研究的方向。我写得毫不迟疑。没有任何犹豫。我知道这个新想法是对的，代表了我们前进的方向。

每天早上，我们送孩子们去树荫下摘橙子。他们抢着把果汁挤得喷涌出来。我们像吃圣餐一样分享了果汁，在阳光下啜饮，然后告别橙子树飞回了家。

树林边上有一个池塘，晚上有青蛙在池塘里鸣唱，水黾在液面上打滑。或许这是对科学的隐喻：薄薄的皮肤下面隐藏着我们所不知道的深度，犹如水黾对液面下的世界一无所知。

然后星期四我们去了德亚（Deià）附近多岩石的小海湾和海滩。我们这个星期已经去过一次，当时的大海清澈平静，十分诱人。而现在海面正在翻涌，海浪拍在岩石上，冲上海滩。我在水中站了一会儿，阳光令我目眩。还有流动的海面上转瞬即逝的反光，以及白得耀眼的浪花。海浪冲上海滩，又退回来，让我的双腿感觉到前后摆动的力量。含盐的飞沫进入我的鼻腔，我的衬衫又湿又凉，贴在背上。我被这一切的能量所鼓舞，被一种全新的体验所震撼：回头浪卷着鹅卵石后退，猛烈地撞上小腿肚子后侧，带来刺痛。

当时有个闪念：科学就是关于以前未知的或未感知的事物的认知。当又一阵海浪退回海中时，它的力量几乎使我失去平衡。石子再次撞击我的双腿，这时我产生了一个想法，一个简单却闪亮的想法。我应该问问"为什么？"。到目前为止，我们的研究一直围绕着"怎样"，围绕着机制，围绕着DELLA怎样调节植物的生长。我觉得是时候从"怎样"转为"为什么"了。DELLA为什么会调节植物的生长？

6月6日，星期天

回到家中。这里也很温暖。虽然刚刚入夏，但已经有了万物走向终结的感觉。它们分解、腐烂、瓦解。勿忘草已现颓势。渐渐枯萎的茎梢还挂着最后的蓝色花朵，下面是一串串变脆的米色种荚。

6月8日，星期二

今天确实是夏天了。非常温暖。虽然没有马略卡岛那样温暖，那么灿烂，但是很温暖。在我写日记时，金星是一个细小的点，划过太阳的圆盘，但光和热并没有减少。看到窗外花园的景色，我立刻感到既兴奋又欣慰。现在，榛子树、橡树和酸橙树都已绿叶成荫。有一种完整的感觉，叶片的伸展已经完成或几近完成。毛地黄的塔形花序指向天空。突然想起冬季的黯淡，便倍感欣慰。

6月9日，星期三

AGAMOUS 的作用

今早，我拉开窗帘，光线流淌进房间里。稍后，我沿着熟悉的路线骑车去看拟南芥植株和它所在的墓地。终于能去看看我不在时发生什么了。在阳光下蹬着自行车，永远不会让我觉得乏味。我每次都走同样的路线，从家到布雷肯代尔（Bracondale），沿着怀特林汉姆小路，然后到苏林格姆，每个月总要来上几次。但我从来没有感到厌烦。有一种仪式感。重复给人带来慰藉。熟悉的景色令我每次都能以新的方式去看待现实。

我在怀特林汉姆小路停留了一会儿，摘了一朵毛茛。我用指尖拂过花朵每个器官的表面。先是从垫状、多毛的萼片基部到其顶端。接着，是丝滑的黄色花瓣，然后是雄蕊的尖刺，最后是粗糙的柱头。我想起了杰勒德在《本草书》中写到的，"多凑巧，在尊敬的商人尼古拉斯·勒特（Nicholas Lete）先生的陪同下，走在伦敦剧院旁的田地里，我发现了这种重瓣的花（毛茛），在此之前我从未见过。"

　　这无疑是一个变种。是一个有着两层花瓣，而非一层花瓣的突变型。这种事在自然界很常见。事实上，拟南芥也有重瓣突变型。它们携带影响 AGAMOUS 基因的突变。像所有基因一样，AGAMOUS 是一小段 DNA，有几千个碱基对。只要这几千个碱基对中有一个变成了其他形式（比如用一个 A-T 代替一个 G-C），就可以引起这样的突变。这个变化会改变开放阅读框中的编码，产生一个提前终止密码子。这个密码子无法编码任何东西。结果是一条过早截断的氨基链，一条不完整的蛋白质。不完整的蛋白质无法发挥作用。

　　在正常植株中，AGAMOUS 蛋白有助于确定花的结构。由于突变体中的蛋白质不起作用，所以其花朵是重瓣的。当然也可能有更严重的后果。比如丝毫不像花的稀奇古怪的东西。但顺序保持不变。突变体只是将一个器官换成另一个器官。将雄蕊换成花瓣。它是一种身份的更替和变换。

　　这一个碱基对的改变导致一个精确定义的结构被替换，将一根雄蕊（丝状，透明，顶端有花药）替换为完全不同的精确定义的结构——花瓣（扁平，平面，不透明）。有一个简单的解释：AGAMOUS 蛋白是一个转录因子。它能控制基因的活性，可以打开某些基因，或关闭其他基因，从而产生反映其自身活动的一连串基因活动，进而形成雄蕊。如果没有它，雄蕊就无法形成，只能形成花瓣。

之后，我继续前往苏林格姆，去欧洲七叶树下的墓地。这里凉爽且安宁。在那阴凉的避风港中，是受损的植株。我透过铁丝笼望进去。发生了很大的变化！纤细的茎长长了几英寸。围绕着茎有一串螺旋状排列的花，许多花蕾聚集在顶部。在最靠下的花下面，茎上长出了叶片。我画了一张草图。茎从曾是营养莲座的褐色残余中斜着长出来，因自身的重量而低垂——可能很快就会垂到地面上。最下面的一朵花是最老的，正是我去马略卡岛之前见过的。在我离开的这段时间，它的花药打开，通过触碰柱头表面，将花粉转移，实现自花受精。现在花药是褐色，已经开始萎缩。种荚开始变长。第二朵花也过了花药脱落的时间，但它上面的两朵花还有颗粒状的花药。最后一朵花还未成熟。不同的发育阶段形成了层级：底部是最老的花，顶部是最嫩的花。

拟南芥植株的花茎。

授粉、受精已经开始了，这当然很好。但我没能目睹第一朵花的授粉和受精，当时我在别处，对此我感到失望。而且我仍然无法相信这棵植株能够成功生存。它够健壮吗？唯一一片完好的莲座叶也要死了。茎很细，柔弱得令我惊叹于它竟能直立。考虑到气候一直温暖，我还以为我不在的这段时间会生长更多，开更多花。最重要的是，仅有一片濒死的叶片，植株还能为这些受精的花朵中正在形成的种子提供足够的养分吗？

6 月 10 日，星期四

去单位。气候潮湿且温暖。天空令人赞叹。整个天空布满灰色的高积云。云层的下表面不像往常那样平坦，而是起伏不平，仿佛有许多大小相似的圆形山丘和凹槽，它们的外观随着距离增大而缩小，产生一种强烈的透视感。广阔的诺福克天空给人的空间感。

还有一件关于诺福克的事。这里的降水比英格兰其他地方要少。已经有一个月左右没有降水了。昨天我注意到，拟南芥植株生长的土壤坚硬，呈灰色，有尘土。这棵脆弱的植株肯定需要更多的水吧？但我熟知诺福克的年景，从 6 月初到 9 月底几乎不会下雨。

而且我偶尔还是为已经造成的损伤感到沮丧。想到原本该有的景象，我很气愤。在它被吃掉之前，这棵植株的长势很好。现在它本来应该已经长得郁郁葱葱，有一条强健的主茎，并从莲座的腋芽中长出十多条侧枝；所有的茎都有分枝，并开满健壮丰满的花。然而我只有一棵病恹恹的植株，奋力地开出几朵花。

6 月 12 日，星期六

我认为我想在这里表达的是，在通常情况下，思想从一件事跳跃到另一件事，而科学往往被描述为具有确定不移的线性逻辑。事实上，作为一名科学家，我每天思考植物的生长、实验室、DELLA 等，总会有想法和概念的跳跃。比如说，昨天晚上，我躺在床上，看着窗外花园里橡树上的叶子，看到它们被一阵强风推过来，挤过去，在静谧的天空下晃动。灰色天空覆盖着云层，黄昏的光亮渐渐褪去，我当时并没有想到某个东西。突然间，DELLA 的图像闯入了我的脑海，那些在风的旋涡和流动中扭曲舞动的叶子，DELLA 就位于构成这些叶子的细胞的细胞核中，于是 DELLA 本身也正被风吹动，在空间中移动。

今天仍旧有凉风，并带来了大量阵雨。雨点迅速落下，被风挤压成不同的形状。终于，拟南芥植株得到了一些雨水。

6 月 14 日，星期一

昨天过得很棒。伴着美好的天气，深刻的音乐，去了惠特芬。

一整天都有令人愉快的黄色阳光，充足但不像马略卡岛那么强烈。湿度的影响有所减弱。云朵雪白蓬松。

我们去了一个午餐音乐会。亚纳切克弦乐四重奏，演奏得十分精彩。斯美塔那和亚纳切克。动人的音乐表现了张力，是此时此刻的独特性与延续的结构发展之间的张力；努力营造出与一秒钟所见的魅力相匹配的完整性。相当迷人。甜蜜的摇篮曲、白炽灯碎片、昆虫般的固定音型、少量民间调子的片段，都交织在一起，形成一种强有力的东西，带着持续的动力冲向结尾。

然后跟孩子们一起去惠特芬看凤蝶。这里同样充满动力。生命的动力是水和温暖。我上次来过之后，这里的生长情况也发生了巨变。（真希望我能常来！最近几周忙于工作，根本抽不出时间。）今年的新芦苇已经长到我肩膀的高度。周围尽是它们柔和的灰绿色，十分美丽。这个地方有昆虫鸣唱的声音，有微风拂过草叶的声音。

芦苇丛中夹杂着一丛丛明艳的黄菖蒲（别名黄花鸢尾）。凤蝶飞得很快，但喜欢在鸢尾花中间振翅流连。它们以弓箭似的轨迹飞行，从一朵花翩翩飞到另一朵，只比芦苇高出一点。它们飞得有点太快，我来不及捕捉到一张清晰的图像——所以视觉来自整理眨眼间的许多快照：瞬间看见充足的阳光下有一片黄黑格纹的翅膀；匆匆瞥见黑色的后翅；始终在试图聚焦已经消失的东西。双眼所见的，主要是当眼睛聚焦在某一点时，恰好落在这同一个点上的翅膀或炭黑色的腹部。

沼泽地芦苇丛中生长的沼地前胡（milk-parsley）叶片上，有一小堆一小堆的凤蝶卵。还有小小的黑色毛毛虫，正在爬行、取食。芦苇、沼地前胡、昆虫、鸢尾，让人感觉都是同一事物的一部分。DELLA 也是其中的一部分：沼泽。

6 月 15 日，星期二

花的形成

早上很美但有些凉——风来到了北方。明澈的蓝天上，仅有一点点迷雾的征兆。树叶摇摆不定，阳光被叶面反射，一闪一闪。

几天前我写过，一个转录因子的丢失将如何改变一朵花内部的某轮结构。比如把雄蕊变成花瓣。现在我将再次写到这个问题，特别是花朵器官的不同身份是如何由特定转录因子组合的活动决定的。这就是圣玛丽教堂的拟南芥花的构建原理。以及全世界所有的花。

描述这些转录因子工作方式的模型被称为 ABC 模型。该模型是通过观察器官身份被改变的变异花来建立的。除了之前描述过的变异体以外，还有器官身份以不同的方式变化产生的其他变异。例如，有些变异花不是萼片、花瓣、雄蕊、心皮（正常的结构），而是萼片、萼片、心皮、心皮。像之前一样，这种变异是由一个基因的突变引起的，而且这个基因也编码一个转录因子。但是这个新基因编码的转录因子与之前的变异体中受影响的转录因子不同。以一种观察和思考结合的方式，深入地观察这些和其他变异的花，认识越来越深入。

所以就有了对变异的认识和 ABC 模型。有三种类型的基因，分别为 A 类、B 类、C 类。每种类型，即 A 类、B 类和 C 类，分别编码一个转录因子，即一种影响其他基因活性的蛋白质。它们在任何正在发育的特定器官中，都可以处于"打开"或"关闭"状态。转录因子的组合，以及由该组合产生的基因活性的特定结构，赋予了每个器官的身份，例如使其具备萼片或花瓣的特质。

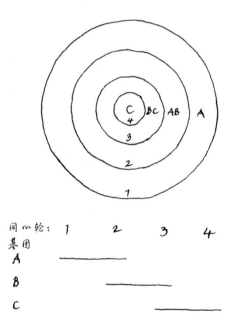

ABC 模型。花的 4 个同心轮，以及它们特有的 A、B、C 基因活性。下面是 A、B、C 基因活性在相邻圆轮中重叠的方式。

正常的花为了成为花，会有萼片、花瓣、雄蕊、心皮，而缺乏A功能的突变花有心皮、雄蕊、雄蕊、心皮。缺乏B功能的突变花有萼片、萼片、心皮、心皮。缺乏C功能的突变花有萼片、花瓣、花瓣、萼片。

当然，最初想象出ABC模型的人只有这些奇形怪状的花。他们那时候还没有ABC模型的框架可以套用。于是他们创造了ABC模型来解释不同的花型。他们提出了一个模式。首先，他们提出，花的4个同心轮可以想象为4个不同的领域，即第一至第四轮。其次，如草图所示，A、B、C功能基因的表达有所重叠。第一、二轮表达A功能，第二、三轮表达B功能，第三、四轮表达C功能。最关键的是，基因活性的模式决定身份，因此身份不是每一轮固有的属性。

那么，这是一朵花的公式：仅有A=萼片，A+B=花瓣，B+C=雄蕊，仅有C=心皮。如果一个突变，比如说B功能去除了，那么花轮内部的活性模式就变为A、A、C、C——预示着萼片、萼片、心皮、心皮，正如我们所见。

如同所有伟大的认识一样，这一认识具有普遍意义。所有花的基本结构都可以用ABC模型来解释。然而不同的花虽然构建方式相似，但仍有较大差异。草地上的毛茛和坟墓上的拟南芥花，其花瓣大小、形状和颜色都大不相同。所以还有许多事物需要认识，才能完整绘制出花的发育原理。但我们可以猜测它如何运转。有些事物，比如ABC模型，对于所有的花都十分重要。而其他事物，或其他事物的不同活性，将解释不同花朵的花瓣大小和形状的差异。

那么，我们来简单说一下那正在柔弱的茎上随风摆动的第一朵拟南芥花的形成。首先，花序分生组织产生将要成为花的花分生组织，也就是螺旋状排列的多个花分生组织中的一个。在花序分生组织的侧面产生一个生长物，然后其自身变成一个圆顶状的分生组织。然后ABC基因在花分生组织中表达，产生ABC转录因子。这些基因表达为重叠的同心圆环，A在外面，C在中间，圆环围绕着分生组织的圆顶，就像足球运动员球衣上的条纹一样。这些重叠的圆环定义了4个活性圆环：A、AB、BC、C。在这些活性圆环里，细胞开始在花分生组织的侧面形成将要成为萼片、花瓣、雄蕊和心皮的生长物。这就是花的产生过程。

这一认识表明，是单个基因的活性将花瓣与萼片分离开来。除了那个基因的转化活性以外，前者和后者本质上并无差别。那么，花瓣和萼片有没有可能同为其他某种东西的修改型呢？生活中经常有一个事物来自另一个事物。在这里也是如此。因为缺少ABC基因的突变植株会产生非同一般的花朵。完美的花朵，由一系列同心轮组成。但是，在本应长有不同器官——呈同心结构排列的萼片、花瓣、雄蕊和心皮——的地方，这些花却长出了叶片形成的同心轮。萼片、花瓣、雄蕊、心皮，全都被叶片代替。这些花告诉我们一件意义深远的事。它们告诉我们，ABC基因引导花器官的发育远离了基本、基础的状态。萼片、花瓣、雄蕊和心皮都是被修改的叶片。从同样的起点产生了其他变形。

那么仅此而已吗？如果萼片、花瓣、雄蕊和心皮是被修改的叶片，那么叶片是什么？叶片是被修改的茎吗？以此类推，是否所有的生物体及其所有的组成部分，都只是其他有繁殖能力的东西的修改型？每一个都是通过简单地开关一个基因来修改另一个基因得到的？

ABC 模型非常好。这是一个非凡的见解，大量投入的产物，斗争的结果。尽管每个人都做出了重要的创造性投入，但是我们已经作为一种文化或一个社会，集体为到达某个目的地，即看到思路做出了贡献。悲剧的是我们并非集体拥有这个思路。这个模型没有从总体上得到理解。它被打包分离出来，成为某种"科学"的东西。

如何解决这个问题呢？我真希望我知道该怎么办。我认为"公众理解科学"行动无法解决这个问题。这些行动倾向于用简化的科学语言来发声。这主要是一个关于看，关于思路的问题吗？关于制作有共鸣的、可塑的、意义丰富的图像？会唱歌的图像。如何平衡它与中立性、客观性，以及观察者与观察对象分离的需要？

ABC 模型已经建立。我们现在应该通过加深、活跃、浓缩意象，重述它，塑造它，使它能够唱歌。最初构思这个模型时，它被存放在盒子里，现在要扩展它。赋予它神话的力量。使 A、B、C 立体生动起来。

6 月 16 日，星期三

关于花器官的生长

那我们自己的东西，DELLA、"解除抑制"等一切呢？与花的发育有关系吗？当然有。DELLA 对整棵植株，包括花的生长至关重要。我们之所以知道是这样，有以下原因。

我之前曾描述过赤霉素缺乏型拟南芥突变体。这种突变体的花与正常植株的花迥然不同。在赤霉素缺乏型突变体中，虽然萼片和心皮生长比较正常，但雄蕊和花瓣的延长减慢了。仔细看看这些花朵就会发现，花瓣很短，雄蕊短粗，仿佛它们先前开始生长，然后停了下来。也许需要赤霉素来帮助这些器官完成生长进程。

所以问题变成：如果赤霉素对于雄蕊和花瓣的生长是必需的，那么它是否通过 DELLA 运转？去除 GAI 和 RGA 可以抑制赤霉素缺乏型植株的矮茎特征。我在描述"解除抑制"模型的检验时写过这个。但去除 GAI 和 RGA 并不能使赤霉素缺乏型花特有的雄蕊和花瓣延长减慢现象恢复正常。所以赤霉素不能仅仅通过抑制 GAI 和 RGA 的功能来促进雄蕊和花瓣的生长。会不会是其他 DELLA——RGL1、RGL2 或 RGL3——做了这件事呢？

最近，我们已经找到了这个问题的答案。很高兴看到"解除抑制"通过一些实验得到了支持和延伸。这些实验涉及进一步艰难地构建既缺乏赤霉素又缺少 DELLA 的植株的基因。这些植株缺乏赤霉素，缺乏 GAI 和 RGA，也缺乏 RGL1 和 RGL2。它们长得又高又壮（不出意料，因为它们缺乏 GAI 和 RGA）。最重要的问题是，它们的花是什么样的。看起来会像那些正常的植株，还是赤霉素缺乏型植物？第一朵花开的时候，结果非常清楚。花瓣和雄蕊是长的，而不是短的。事实上，比正常植株还要长。

所以我们可以得出结论，RGL1 和 RGL2 这些 DELLA 与 GAI 和 RGA 一起在抑制花瓣和雄蕊生长方面有着重要的作用。雄蕊和花瓣生长是由于赤霉素克服了 GAI、RGA、RGL1 和 RGL2 的作用。最令人兴奋的是，观察结果表明，解除 DELLA 介导的生长抑制，在广义上，而非狭义上，正是生长促进激素赤霉素控制植物生长的方式。

所以我现在可以说出，长在圣玛丽教堂的拟南芥花是如何变成现在这个样子的。我要先引用一个模型，然后引入另一个。首先，花朵器官的身份是由 ABC 模型所描绘的机制决定的。其次，这些器官的生长是按"解除抑制"模型所描绘的那样进行的。这些模型代表了思路的真正提升。当然，我为自己的研究小组在实现后者方面所发挥的作用感到自豪。但不止于此。我认为这种思路的提升让我们离世界更近了一点，更像它的一部分。真正的意义就在这里。

回到新的科研问题。也就是我在马略卡岛海滩上想到的"为什么"的问题。这实际上是一个难以处理的问题。"为什么"总是比"怎样"更难回答。但我想我正在设计处理这个问题的方法。试着通过实验来解决这个问题。植物为什么演化出 DELLA？大概是因为 DELLA 带来了好处。那么是什么好处呢？由于 DELLA 控制生长速度，现在的问题就是：能够控制生长速度有什么好处？

6 月 18 日，星期五

自花授粉

阵雨，阳光炽热。道路冒着蒸汽（又抽空骑车去看了拟南芥植株）。似乎到处都是黄色：毛茛、蒲公英和款冬花的黄。沿着石子路从怀特林汉姆到"树林尽头"，我知道天气如此温暖，植株上总会有一朵花正在播撒花粉。

来到树荫下的教堂墓地。风无声地拂过欧洲七叶树。我拿掉铁丝笼，跪下来，用放大镜看那些花。找到了，在四号花上。雄蕊已经长到最长，花丝顶部的花药释放出了粉状的花粉。花药轻触柱头。柱头表面湿润的茸毛间涂满一层颗粒状的黄色花粉。

每颗花粉粒的表面都有着一层肉眼看不到的奇妙构造。里面有三个核。花粉粒一落在柱头表面，就开始萌发。一根管子插入柱头表面。三个核，每个都含有 DNA，沿着管子下行。首先是营养核，负责制造管子，然后是两个生殖核。顺带说一句，管子的生长是通过 DELLA 抑制的解除来控制的。在我查看的时候，虽然我的眼睛无法看见，但我能想到，这些管子正在怎样挤进柱头和柱头下面的组织里。缓缓地挪向心皮中未受精的卵细胞。这一生长的最终结果将是一个生殖核对卵细胞完成授精。一棵新植株的开始。

现在我回到了家里，回想今日所见。这个季节更替中发生的变化。我感到整个世界都在通过那棵拟南芥植株开花。没有具体的分隔将这棵植株和泥土区分开来。我们这样表达，只是因为我们所见到的一直如此。另一种表达方式则是，这个世界本身在开花。

一切都指向这一刻的受精。它是生命周期中的高潮、目的地、阶段和站点。但是当我写到这里时，我意识到了一个不和谐的声音——生命周期图是一种非常准确的表现形式。没有明确的起点或终点。没有真正的高潮。没有关键点。所以也许我不该为期待受精和受精发生的时刻格外兴奋。我的愉悦和崇敬应当无偏好地分散在整个周期中。

6 月 19 日，星期六

阐述新想法

今天凉爽多了。从西北面吹来微风。有时露出微弱的阳光，有时阵雨伴随乌云，彼此交替。风和时不时出现的阳光带来一种不稳定感。不稳定性是美的固有属性。

我们将要迎来年中。我将要对下半年做一个预测。接下来我会更多地谈及我脑中不断丰富的新想法。这个想法就是 DELLA 将植物与外部世界联系起来。我认为，这是 DELLA 提供的益处。它们使植物能够以适合当时条件的速度来生长。它们使世界能够通过增强或削弱抑制来控制植物的生长。问题是如何检验。我认为今年余下的时间（当然还有之后更长的时间）将用来设计和完成适当的实验，以及撰写描述观察结果的论文。终于能看到前进的方向，我感到非常兴奋。这条路将进一步丰富我的思路。

6月20日，星期天

关联性

再次前往圣玛丽教堂。这一次，我深刻地意识到拟南芥的脆弱。只有一条纤细的茎，斜斜地矗立着，由于花的重量而弯曲。

近期的生长较为缓慢。即使下了阵雨，土壤仍然灰暗，布满沙尘。植株看起来有些焦枯。尽管土壤缺水，尽管它的茎如此瘦弱，但这棵植株仍在生长，这已经是个奇迹。我认为它勉强能撑过这个难关。

骑车回家的时候，我看到一株长在花园里的紫色醉鱼草。这是我今年第一次见到。突然间我仿佛正坐着火车去伦敦。清晰地记起几年前的夏天，一个潮湿的下午。城市景观。火车穿过荒凉的工业腹地，驶向城市的中心，像一支射向心脏的箭。那时我才第一次注意到，在铁轨旁的鹅卵石里，在看似最贫瘠的地方，突兀地盛开着大丛的醉鱼草。在我们去伦敦的路上，火车经过了一株又一株醉鱼草。似乎环境越是严酷，醉鱼草生长得越是茂盛；它的根部也许可以轻松地穿透剥落的砖头和砂浆，以及破碎的混凝土。

我发现这些植株如此引人注目，路过的那些放射状的花的影响不断叠加，使得醉鱼草开始闯入我的思想。不久，我看到了一个鲜活的伦敦；巨大的紫色干线从它的心脏辐射开来，绵延数英里的铁轨两侧都是开花的醉鱼草。

在我们将要抵达利物浦街车站时，火车慢了下来，然后停下。只有车厢里令人窒息的加热系统的滴答声打破沉寂。前方出现了火车即将进入的漆黑隧道的墙壁。唯一能见到的活物就是近在咫尺的一株醉鱼草，长在黑砖墙底部的砂浆中。

我透过布满灰尘的厚玻璃看着那棵植株。我可以看到它高高的、弯曲而伸展的茎，每条茎顶端都有一个圆锥形的紫色花序，花朵小而柔软。它们闻起来一定像蜂蜜，是苦涩的土壤中产生的香甜。其他花朵开始凋谢，变成褐色并枯萎。茎上有层叠的叶片，叶片在茎的两侧等距展开，上面有城市的污垢留下的斑斑点点。

我一边看一边想，这些长筒状的构造，这些在暖风中摇晃的茎，它们那些塔形花序的顶端在空中画着圆圈，其形状都来自其功能。它们是一些捆绑在一起的管子，由特化为导管的细胞构成，像排水管一样一段段地首尾相连。

当我坐在那静止的火车车厢里时，我想起了上学时学习蒸腾作用的时候。蒸腾作用是将水吸入植物的叶和茎中的机制。我们从树上剪了一段细枝，我想是一棵欧亚椵吧，然后将剪过的那端浸在一桶水中。然后，我们把水桶拿到实验室，将一小段充满水的橡胶管与细枝连接。橡胶管的另一端是一个玻璃管，同样装满了水。我们迅速地将玻璃管

　　　　　　　　　　　　　　种子的自我修养

开放的一端提到水面以上，使一个小气泡进入水中。然后我们开始观察，惊叹气泡移动的速度：在几分钟之内，它就穿过了玻璃管，消失在橡胶管中。

最令人惊讶的是事物的关联，植株不同部分之间的关联；以及水如何从叶片的细胞中蒸发出来，通过表皮和气孔钻出叶片；它就像通过吸管吸气一样影响茎的导管，我们看见气泡的移动，其实是叶片通过它们吸水产生的水流。

一阵突如其来的红白色彩的闪烁将我的思绪拉回到眼前火车车厢外的景象。一只优红蛱蝶落在一丛醉鱼草花序上，在花间飞来飞去。最后，它停下来，将它长长的盘绕的舌管伸展开来，插入花朵深处，寻找花蜜。在我看来，这仿佛是一个完整的电路。管子将蝴蝶与地球及太阳连接起来，蝴蝶从中获得养分。就好像我们都是一个巨大的有机体的一部分，通过管子和导管的网络与地球及太阳连接起来。

6月23日，星期三

今天我开车去霍尔特（Holt）看牙医。风雨交加。路边是一排桦树。叶片狂舞，树枝弯成与风向平行的角度。但夹在路两旁潮湿而高大的深绿色树篱之间的，要好一些。今天有种秋天的感觉。夏至刚过，我们是不是已经开始进入秋天了？

这几天，我的脑海中有一个画面，即生命有两个表层，生存的主体夹在两者之间。底层黑暗，烦乱，充满令人担忧的事物；顶层闪闪发光，美丽，是喜悦的源泉。然后其余部分都夹在中间。两个表层始终并存：悲与喜。你无法撇开一个得到另一个。

6 月 24 日，星期四

傍晚（阵雨过后凉爽，宁静），我抽时间去了圣玛丽教堂墓地。树荫下光线暗淡。

植株的第一朵花已经凋谢了。花瓣呈褐色条状，无力地耷拉着；雄蕊／花药萎缩；但中心的心皮正在延展，向外膨大形成果实。在果实中，种子正在形成。有多少呢？在每一颗发育中的种子里，有一个小小的胚胎。那是它的下一代。

6 月 25 日，星期五

胚胎的形成

胚胎的形成充满奇迹。单凭一个细胞就能构建出一个多细胞有机体。

这个被称为合子的细胞是在受精过程中由精子和卵细胞的细胞核融合形成的。从此时起开始受控增殖，在十天左右的时间里，形成胚胎。首先，确立极性。胚胎有两极。它有顶部和底部。顶部：地上部分分生组织。底部：根分生组织。这些细胞群将构成植株的地上部分和根。

那么如何从一个（单细胞合子）发育成另一个（多细胞胚胎）呢？通过一系列的细胞分裂和扩张。首先，一个细胞分裂成两个。胚胎的上和下正是在这一刻确立的。底部的细胞注定会成为使发育中的胚胎附着在正在生长的种子内部的结构。顶部的细胞及其子细胞将形成胚胎。一系列的细胞分裂和扩张，加上个体细胞身份的获得，才使最顶端的细胞逐渐成为胚胎。

　　　　　　　　　　　　　　　种子的自我修养

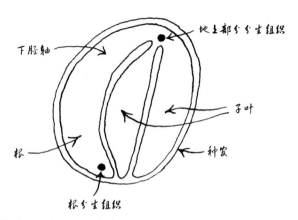

拟南芥种子示意图。折叠在种皮内的是胚胎。地上部分分生组织和
根分生组织的位置以黑点表示。

这是一张抽象的成熟胚胎图。在顶部,地上部分分生组织的两侧
有两片子叶(储存大部分种子养分的胚叶)。在地上部分分生组织下
面,是下胚轴(含有输送水和营养物质的导管的胚茎)。下胚轴的底
部是胚根,其顶端是根分生组织。一共就这些。但它蕴含着力量。一
棵初始的植株,一端注定要长在地上,另一端长在地下。

6 月 27 日,星期天

西风和暴风雨不断。风从遥远的大西洋吹来,但仍有足够的雨水,
倾泻在诺福克。但够了吗?

昨天,我再次听到久违的《春之祭》(斯特拉文斯基)。它的速
度惊人:从支离破碎的黎明合唱,直到最后一支舞那可怕的狂暴。自
然界的野蛮。它使我思考我想要在此捕捉的东西——我想知道,我是
否错过了某个方面?我知道我捕捉到了可畏中美丽的一面。但我真的

捕捉到了可畏中可怕的一面吗？由于夏至已过，眼前的景象开始走下坡路：植物死亡、毁灭、冬季的黑暗。

既然我们刚刚过了夏至这个中点，也许是时候盘点和回顾了。我已经描述了植株的生长、对这种生长的科学理解，以及我的研究小组的工作对这一理解的贡献。而且我把这一切都置于季节、气候改变、意识的不稳定和突然闪现、卷入回忆或注意力被直觉吸引等背景之下。看起来不错。开始将科学作为整体的一部分呈现出来。然而我仍感到不满。感觉还能更进一步。"背景"这个词令人不悦。也许还能进一步整合？

6月29日，星期二——德国基尔

短期造访基尔——我参与的欧盟实验室网络召开年会。乘飞机从斯坦斯特德前往吕贝克，然后坐火车穿过德国北部，从吕贝克到基尔。天空是浅灰色，但依然明亮。天气凉爽、潮湿，有零星阵雨。人烟稀少。穿过茂密的森林，经过板岩湖，宽广、起伏的小麦和大麦田。看到大麦，它的美丽，它在微风中像水面一样起伏，让我有了一个想法。我们应该用大麦来重做我们近期的工作。继续进行大麦DELLA的调查。毕竟条件很有利。苏格兰的一个团队最近开始寻找新的大麦突变体。等我回到英国，我会和他们联系。在研究拟南芥的同时，再次研究这种美丽的植物——我喜欢这个想法。大约一年前，我们曾经研究过大麦，但由于我不知该如何取得更大的进展，看不到下一步该怎么走，所以这个项目渐渐退出了。现在我想也许我能做到。

7月

7月1日，星期四

最近有短时降雨。先是阳光，然后是阴沉的云影；闪电，然后硕大的雨点直线下坠。这些变化是由云的西进带来的。凉爽而湿润。

尽管我之前为天干物燥而担心，尽管最近没有持续降雨，但阳光／骤雨的魔咒（仿佛天气变化的规律已经固定了，从星期一开始一直是这样）还在持续，为拟南芥植株的继续生长提供了足够的水分。

7月2日，星期五

今年夏天匆匆流逝。我错过了许多东西，在骑车去上班的路上与它们擦肩而过。没时间停下来好好地看看它们。有时候生活就是这样，许多匆匆一瞥。从一个事物跳到另一个事物。

但我至少在这个傍晚见到了拟南芥植株。感受到光线渐暗的教堂墓地的宁静。现在只有一个问题，就是这棵植株的生长放慢了，几近停止。它的茎，它能生长出来的唯一一条细茎，跟我上次见到时相比，肯定没怎么生长。茎的顶端是一个败育的花蕾——乱糟糟，干瘪。这很有意义。这意味着茎尖花序分生组织最终成了花分生组织。由于花分生组织是有限的，最终会产生一朵花，然后停止。这意味着茎会停止生长。

那么就这样了。生长阶段结束了。植株的未来完全寄托在脆弱的茎产生的为数不多的十几个角果上了。草图记录了生长停止的时间点。想想能有多少个角果。原本会有数百个。

拟南芥植株花茎
上的角果。

头五个角果已经非常饱满，每个角果可能含有约 30 粒种子。其余的角果还很短。我猜，大概每个有 10 粒种子，或者更少。所以共计约 200 粒种子。在良好条件下生长的正常拟南芥植株至少可以结出 1.5 万粒种子。

当那只兔子或者其他什么东西几乎毁掉这棵拟南芥植株时，它改变了这个世界。它对拟南芥这个物种的未来产生了影响：减少了这棵植株所含有的某些特有基因型在未来后代中的表现。

但至少在头两个角果中有一些种子。角果皮有一些轻微的圆形凹陷；当种子逐渐丰满，角果皮将其包裹时，有时会出现这种凹陷。这些较老的角果中的种子现在一定快成熟了。每粒种子中的胚胎一定已经经过各个阶段的发育和扩张，能够填满种子的空间。每粒种子现在都是一个小小的繁殖体。植株的单元形式：顶端分生组织、底部分生组织、连接两者的导管、储存在子叶中用于未来成苗的营养物质。

周期中的另一个阶段即将结束。植株正开始步入生命的尾声。但对此有什么值得一说呢？生与死之间只有瞬间的距离。所有的连续性都留给了下一代。个体构成不间断的链条，但其本身转瞬即逝。我们都知道这一点。我们可以为此哭泣、歌唱或起舞。分享我们生命的美丽和恐怖；或者压抑这种想法。

7月4日，星期天

观看与感知

昨天，我和孩子们在一场音乐会上参加演奏，他们拉小提琴，我弹钢琴。我突然想到个体音乐感知力的本质，而在理解科学知识上的微妙性可能与此相似。我想，两者都是关于有些人意识到而其他人没有意识到的细微差别。

我想，我之所以有音乐意识，有一部分归功于经验。我从7岁开始学习钢琴，之后一直断断续续在弹。40年来我的耳朵和思想都听得出声音的起音和衰减、音色的精确区别（比如说，一个断奏音是猛击还是轻落）、强弱的使用、苦涩和甜美的糅合，以及最细微的增时和减时，并迅速作出反应——调整我自己的演奏，从而产生整体上和谐的声音。我觉得有一点是公认的，即演奏音乐需要一种特殊的才能，它在某种程度上可以习得，但也取决于个人特质。

科学也是如此。我以自己独特的方式看待 DELLA。当然其他科学家对这些蛋白质也各自有其精深的认识。但这些认识在细节上、在重点上，与我的认识有所不同。而大多数人由于对此没有接触，所以不能达到这样的深度。可能对他们来说，蛋白质只是一种平坦或光滑的东西，少有纹理或深层细节。

这不限于不可见或概念性的事物。观察也属于此类。我能意识到拟南芥植株的生长和发育，意识到其中的细微变化——我知道是某种特定的意识帮助我看到的。

今天，我带着爱丽丝和杰克去了诺福克北海岸的斯蒂夫克（Stiffkey）。去捉螃蟹。这里有一条长长的小路，穿过盐沼通向大海。溪流里的水呈褐色，上方有一座木桥。孩子们开始把一片片培根拴在钓鱼线上，我则走向了辽阔平坦的地方。离开小路，我踩在盐角草和欧洲补血草上，感觉像一块富有弹性的垫子。空气中有海盐的气息。世界看起来像一个半球：平坦的大地向远方延伸，上方是天空的穹顶。天上有云雀刺耳的叫声和刮擦声：歌声一片，似乎表现出了地平线的辽阔。突然间，我想出了下一个实验。

几天前我写过，我想回答植物为何演化出 DELLA 抑制，以及它有何好处。但我不知该如何通过实验来回答这个问题。在这里，在盐沼中，答案瞬间变得清晰。盐沼是一个极端的地方。海水定期

　　　　　　　　　　　　　　　种子的自我修养

淹没地面，带来含盐的土和泥。尽管适应这里生活的植物在这样的盐度中生机勃勃，其他植物却不能。我相信，在这种不利条件下，拟南芥无法长得好。这就是实验内容。本质上，就是在实验室中重新创建一个盐沼环境。然后用它来检验，遇到不利条件，DELLA是否会以某种方式来调节植物生长。如果确实如此，那么就能解释DELLA抑制的演化。这明明就是我该做的事，我一时间想不出我之前怎么没有看出来。

我回头去找爱丽丝和杰克，他们很兴奋，两人的桶里都装满了大大小小的螃蟹，有的是暗红色，有的是褐色。它们在动，把桶里的水也搅动起来。过了一会儿，我们把它们放了，看着它们一齐横着爬过岸边，扑通落入溪流暗色的水中，海鸥在头顶盘旋、尖叫。

在开始探寻"为什么"的同时，我想我还需要进一步讨论一下"怎样"。之前我写过"解除抑制"假设，即DELLA抑制植物细胞的生长和增殖，赤霉素的作用是克服这种抑制。我提供了遗传证据，证明缺乏DELLA的植物，即使缺乏赤霉素也会生长。但对赤霉素如何克服DELLA的抑制生长效应，仍然缺乏透彻的理解。

关于"怎样"如何发挥作用的第一个阐述来自另一个实验室完成的实验。在这些实验中，一个编码"融合蛋白"的基因在拟南芥植株中表达出来。这种融合蛋白是由两种蛋白质结合在一起的。在它的一端，一种DELLA（RGA）与另一种蛋白质GFP（绿色荧光蛋白）合为一体，成为GFP-DELLA。GFP的作用正如它的名字那样，一旦被紫外线激发，就会发出绿光。因此GFP是一种标记：用来检测与其融合的蛋白质的位置。通过显微镜看被紫外光照射并表达GFP-

DELLA 的幼苗，融合蛋白的细胞核在发光。这件事本身并不奇怪。我们已知 DELLA 蛋白序列具有转录因子的特征。转录因子对基因起作用，而基因包含在细胞核的 DNA 中。所以我们可以预见到 GFP-DELLA 在细胞核中。但现在可以做一个非常重要的实验。实验要解答的问题是：用赤霉素处理过的植株细胞核中的 GFP-DELLA 会发生什么变化？这个实验的结果在视觉上非常吸引人，而且包含的信息十分丰富。暴露在赤霉素中几分钟后，GFP-DELLA 产生的光消失了。原子核从明亮闪耀的球体变成了黯淡的圆盘，这是它们之前形象的模糊阴影。

这个实验无疑加深了理解。它表明，赤霉素通过使 DELLA 消失来克服 DELLA 的生长抑制效应。回头来看（当然）似乎显然就该是这样的。这一特性完全符合"解除抑制"的预测。

所以现在来看下一个问题：另一个"怎样"的问题。如果赤霉素会导致 DELLA 消失，那么它是怎样做到的？

7 月 5 日，星期一

准备新实验

但是再回到"为什么"的问题。今天我们讨论了如何开始做盐的实验。这很简单。我们有两个拟南芥品系的种子。第一个品系是我们的控制组：正常的植株。第二个品系缺少 5 种 DELLA 中的 4 种（GAI、RGA、RGL1、RGL2）。这些种子将会在含盐（我们必不可少的盐沼）和不含盐（控制组）琼脂培养基上萌发。然后我们观察、比较两组幼苗的生长情况。如此简单的实验却有可能揭示重要信息，着实令人激动。而且非常迅速——我们在短短几天内就能看到结果。

傍晚，我开车去看圣玛丽教堂的植株。很明显，它快死了。我感到有些突兀。因为在夏季蓬勃生长的背景下，在墓地里的蒲公英和雏菊丛中，它却快死了。我摘了一朵蒲公英，闻着它淡淡的气味，摸摸它的管状茎断口处的一圈乳白色汁液。由于拟南芥植株快死了，我拿掉了铁丝网。

来说说剩余的叶片和茎的现状。莲座现在完全变成了褐色，而且枯萎。茎生叶的黄色多于绿色，特别是叶缘。与叶片相连的茎一直很虚弱，现在看起来更加单薄。但如果认为植株体就这么瓦解了，那就大错特错了。这个过程并非如此随意、漫无目的。叶片死亡后，它们会被拆解。最初建造叶片时，植株将资源投入到这一构造中。现在它在反向操作。分解叶片的细胞成分，重新将它们吸收到茎中。茎生叶的细胞开始了一个自我毁灭的阶段，破坏和消化自己，释放出构成它们的物质。这些被释放的物质流入韧皮部导管，流经茎，然后进入角果中正在生长的种子里。植株破坏自身来喂养它的孩子。祭献/圣餐，屡见不鲜。

7月7日，星期三

突变的DELLA是稳定的

在之前关于GFP-DELLA的日记中，我忘了提及一些东西。关于GAI和gai的区别。几天前，我描述了赤霉素如何导致GFP-DELLA的消失。所以现在就有一个关于缺少DELLA区域（如gai）的DELLA的行为的问题。当这种突变的DELLA成为可见的GFP融合蛋白后，会如何表现呢？结果很明显。这个蛋白质是稳定的。如草图所示，赤霉素并没有使它消失。所以就有了一个完美的关联。使植株矮化并抵抗赤霉素促生长效应的突变 DELLA 本身是抗赤霉素的。赤霉素并没有使它们消失。

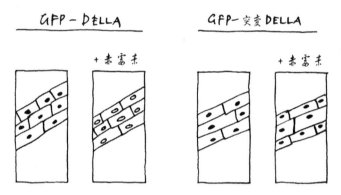

赤霉素导致 GFP-DELLA 消失，但没有导致 GFP- 突变 DELLA 消失。方框显示了拟南芥根部的细胞，以及其中的细胞核。涂色的细胞核由于 GFP-DELLA（或 GFP- 突变 DELLA）而发出荧光。空白的细胞核不发荧光，因为赤霉素导致了 GFP-DELLA 的消失。

7月8日，星期四

最近几天降雨很多。想想就觉得很兴奋：这为拟南芥植株（至少是它的角果中将要成熟的种子）、花园、沼泽带来了生机。让我想起某个夜晚，在爱尔兰班特里庄园的音乐会（梅西安《时间终结四重奏》）结束后冒雨驾车回家。那是一个温暖、潮湿的夜晚，水汽弥漫，空气就像雨水一样水汪汪。突然间，一只小青蛙跳到路上，进入车头灯光束的边缘，瞬间被照亮，然后又跳回到路边的草地上。

7 月 11 日，星期天

另一个想法

现在有很多想法冒出来。我刚刚想到用一种完全不同的方式来检验 DELLA 是否根据周围世界的情况来调节植物的生长。这与向地性有关。即拟南芥和其他植物的幼苗根部沿重力方向，向着地球中心生长的方式。DELLA 会不会是将植物与地球连接的机制的一部分，使植物能够朝着适当的方向发展？这个检验非常简单——我们一定要做。

虽然寒冷潮湿，但我仍然喜爱这个夏天。"科学家的阻碍"似乎终于消失了。讲述圣玛丽教堂的拟南芥植株的故事帮助我突破了这个障碍。尽管决定这条新路径的两个重要时刻都发生在海边，而不是在圣玛丽教堂，但它们毫无疑问是在一个更广阔的背景下出现的。在这个背景下，我对植物本身以外的世界的思考比以前多得多。这个背景是我观察圣玛丽教堂的植株的产物。研究一棵小植株及其在这个世界的地位，让我的科学研究冲破了实验室的枷锁，进入了现实领域。

7 月 13 日，星期二

我终于逃到了惠特芬。坐在柳树下的木椅上，望着沼泽对面。天气凉爽，微风柔和。天空几乎完全被云覆盖，只露出小片的蓝天。

今天，我有一种强烈的解脱感。芦苇丛中的莺、叽咋柳莺、遥远的乌鸫、斑尾林鸽的鸣叫使人平静。一只鹪鹩扑通一声落下，在我头顶的柳树上叫个不停。它扑棱着翅膀，发出的声音既像嗡鸣，又像飞蛾振翅。解脱感变得更强烈，扩散开来。安宁。

距我上次坐在这里，已经过了太久。芦苇地变得面目全非。冬天是褐色压过绿色。现在则是相反。芦苇的茎依照其重复结构的规律生长：茎节、叶、茎节、叶。数不清有多少——几千、几百万条芦苇的茎在我眼前融为一体。在荆棘缠绕的地方。看起来像一团乱麻，混乱不堪。茎和叶的线条互相穿插，进入彼此的空间中。并非所有的茎都直直挺立，许多已经被这几天的雨击打得垂了下去。

树林那边的芦苇地满是花期草地的清香。这也是一个变化——我们上次来看凤蝶时还没有出现。气味浓重，令人晕眩。几只荨麻蛱蝶一闪而过。

我感觉很幸运。突然间，我想到：DELLA 真的是这一切的一部分吗？即使就我来说，似乎也有些疏离感。就在身体对这种场景的感知——微风、香味、苍蝇嗡嗡、鸫鹅奇异的刮擦般的鸣叫，与关于那些无法察觉和感受的 DELLA 的想法之间。然而我的头脑告诉我，DELLA 如同其他东西一样，都是这场景的一部分。如果没有它们，这个场景就不复存在。

然后继续前往圣玛丽教堂。墓地边缘排列的树木依次为：酸橙（种子小，为悬垂的绿色小球），然后是欧洲七叶树（已经有了小小的长刺的圆形果皮——它们开花的时候似乎就在昨天！）、酸橙、酸橙、欧洲七叶树。树叶茂密，树冠郁郁葱葱。

就在过去的一天左右，拟南芥植株的第一个角果开裂了。这不算意外。上次我来时，这个角果已经呈浅黄色，将要开裂。当角果形成时，它由两个厚厚的外壳组成，称为果瓣，最初是花的心皮。这两片果瓣里有一层名为隔膜的内薄膜，种子排成两排，附着在隔膜的两侧。

　　　　　　　　　　　　种子的自我修养

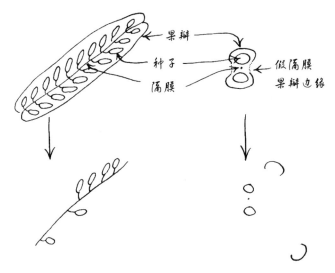

果辮

种子

隔膜

假隔膜

果辮边缘

拟南芥角果开裂前（上）和开裂后（下）的纵截面（左）和横截面（右）。当果辮边缘断开且果辮分开时，就会发生开裂。然后暴露的种子开始与隔膜分离，并落到地上。

果辮通过一组名为假隔膜的细胞，沿着角果的纵轴相互连接。假隔膜所在的边，即连接假隔膜和果辮的边，细细地排列着一些脆弱的细胞，被称为果辮边缘。整个角果结构将种子包裹在内。

　　果辮边缘的身份由特定的转录因子决定。确实存在一些拟南芥突变体，因为缺乏这些转录因子而不能产生果辮边缘。这些植株产生的突变角果不会开裂，因为它们缺少边缘。当正常的角果干透并成熟时，其边缘的细胞会断开，然后角果开裂。果辮在内力作用下被推开。角果开裂后，种子与隔膜分离，落到下面的土壤里。最轻微的动作都有可能触发开裂：一丝风、昆虫的碰触或雨滴的坠落。现在，第一个角果的果辮已经打开了，隔膜上还附着着一些种子，其他种子已经脱落。

那些落下的种子会落在残余植株周围的土壤中。你可能觉得很容易发现它们：虽然非常小，但它们是褐色的，应该与湿漉漉的黑色土壤形成鲜明对比。但尽管我尽力寻找，还是没有看到它们。我想，与种子本身的大小相比，它们落脚的几平方英寸的地面太过辽阔了。

7月16日，星期五

天气终于转为湿暖，而不是湿冷了。大量急速落下的雨点打在屋顶上、草坪上、树上，汇聚成了轰鸣声。今早，空气湿润而温暖。

准备去上班时，我发现聚合草快死了。春天时，它遍布在我们花园里不起眼的角落，生机勃勃。而现在，茎和枝条上只剩一片片变黑腐烂的残叶。种荚干枯，呈褐色。这时节已经有了夏天即将终结的迹象，尽管天气还算温暖。

7月17日，星期六

赤霉素如何促进 DELLA 的消失

如此美好的天气。碧空如洗，清透无尘。今天下午，我看见一片高耸的乌云，缓慢而不可避免地向我们靠近。它的边缘如此清晰，界线分明。一条细细的线：一侧是蓝色，另一侧是黑色。远处传来雷声。在几分钟的时间里，从明亮、强烈的阳光转为云层投射的浓重阴影。随后，雨水撞击着花园里的碎石，树木间狂风大作，电闪雷鸣。10分钟后，一切都结束了，结尾是一阵渐弱的隆隆声和砰砰声。

关于植物生长的进一步说明。赤霉素导致 DELLA 从植物细胞核中消失。对赤霉素导致这种消失的方式，尚未完全了解。可以肯定的是，赤霉素在某种程度上标记了 DELLA。化学家称之为修饰。由于赤霉素的存在，一点额外的分子——非常小，也许只有一小团原子那么大——被添加到了 DELLA 中（DELLA 本身是一种非常大的蛋白质分子）。

至于赤霉素如何导致修饰团附着到 DELLA 上，至今仍是一个谜。但人们认为这个过程标记 DELLA 蛋白是为了将其破坏。一旦被标记，就会被破坏。如果扩大规模，标记众多的 DELLA 将导致大量 DELLA 消失。结果是：促进生长。

7月19日，星期一

行得通！今天我们第一次去看盐实验。结果已经很明显了。正如我们猜测的那样，盐抑制了正常拟南芥植株的生长。这些幼苗的高度变矮，发育不良；比无盐条件下种植的植株生长得慢。但关键是 DELLA 缺乏突变体似乎毫无反应。它们在有盐条件下的生长速度和在无盐条件下一样快！想法并顺利通过了检验。 DELLA 使植物能够根据其所处的环境调节生长速度。而缺乏 DELLA 的植物无法做到。这个小实验改变了一切。现在我们有了基础，可以真正向前推进了。

7月21日，星期三

再次旅行。这周余下的时间将在邓迪度过。旅行的目的：在辽阔的大麦田中筛选出新的突变体。看来要走上 25 公里！从一排又一排植株中寻找钟爱的东西：矮植株，以及太高、太细的植株。看看我的精力会不会随着走路和寻找时间的增加而流失，这会很有意思。以我的经验，如果热情减退，看到的就更少，也就会错过一些事物。

这是一段漫长的旅程。好几个地方在施工，所以旅程是：从诺维奇到伊利，从伊利到国王十字火车站，再从国王十字火车站到邓迪。

从诺维奇到伊利。穿过平坦的田野，大麦和小麦田从黄色、金色向褐色过渡。天空中布满云朵。今天略有升温，非常潮湿。但至今还没有过真正温暖的夏季天气，所以今天我感到很满足。大麦很可能还是绿色，这样一来就更加容易发现矮植株（它们一般颜色更深，更偏蓝绿色，因此更加突出）。

我一直在思考星期一的实验结果带来的后果。此前，人们认为在不利环境中生长的植株发育不良，是因为这些植株是"病态的"，它们由于条件恶劣而弱化，新陈代谢受到损伤。新的观察意味着这种认识并不完整。生长受到抑制，至少在某种程度上是植物对自身所做的事。这是一件主动调节的事，而不是被动回应的事；是 DELLA 促成了应对逆境的主动抑制生长。

到目前为止，还不错。不难想象。但现在会有一些更难理解的东西。我们对植物如何看待逆境的理解非常混乱。人们认为至少有两个不同的激素 / 转录因子体系牵涉其中。而这些一定与 DELLA 有关。厘清这些关系并不容易，而且最终结果不太可能是一个简单的线性故事。它可能是那种难以书写，也难以阅读的故事。这是一个挑战。

从伊利到国王十字火车站。很快，我将穿过一层稀薄的大气，从伦敦飞往邓迪，上方是毫无生气的无限宇宙。是什么将我们称为生命的特质赋予了这一小团原子，这层覆盖着我们的地球的大气层？

我有时会想，如果我们回到科学的起点，让它从起点开始重新运

　　　　　　　　　　　　　　　种子的自我修养

行，我们是否还会拥有与现在相同的认识？这种认识的逐步发展是否存在必然性？比如说，现代分子生物学来源于原子理论。它主导着我们目前的观点，所以分子层面的现实看似比更大层面的组织更为重要。当然还有我们的喜好或偏见。这种偏见是否限制了我们的视野？如果我们从头开始，我们是否会有基于另一种偏见的认识？

从国王十字火车站到邓迪。打了个盹儿，喝了杯茶，现在我很惬意，在思考如何组织更多的盐生长实验。当我望向田野和城镇的另一边时，世界呼啸而过，我看到林肯郡用石头建造的教堂尖顶、绵羊、边上黄绿相间的小麦、小树林、孤零零的枝干嶙峋的橡树、高压线塔和冷却塔。我正在思考如何建立联系，如何组织思路，以及如何让一切行得通。

越往北走，大麦越绿。

越过福斯桥，越过泰河，进入邓迪。

7 月 24 日，星期六

坐火车返回，结束了愉快地寻找大麦突变体的几天。天气一直很好，明亮（但不是亮到刺眼），轻风柔柔地拂过皮肤，轻轻地搅动我周围的大麦麦穗，让这片大麦的汪洋嘶嘶作响。麦穗闪烁着光芒：麦芒可以反射一些光线，尽管仍然是绿色，但即将变成褐色。麦田位于因弗高里（Invergowrie）上方的一个山坡上，从这里望出去，在泰河湾的另一边，就是法夫王国：连绵起伏的山丘、树木和牛羊、一块块粮田，在河口那边都能看到。在光影变换中显得格外美丽，移动的光斑仿佛在大地上方盘旋。

寻找突变体——短秆、蓝绿色的矮化型，或高细型——是如此有趣。它们非常罕见，也许你走过数千棵植株，却一无所获。但是，突然间，当你感到希望渺茫时，你又会看到一棵。发现的时刻是无与伦比的。正如打开一片毫不起眼的页岩，却露出了化石。前所未见的东西。每个人都有可能揭示关于植物生长的新东西。通过两天的努力寻找，我找到了15棵。到了傍晚，我已经精疲力尽。喝下一两品脱*酒后，我感到有点飘飘然。情绪会影响结果：要是积极，就能找到；要是沮丧，就一无所获。

昨天，我从大麦地里抬起头向上看了一会儿，看到麦田西边的山顶上有一棵树的轮廓，在斑驳的蓝灰色天空的映衬下，像一个绿色的球。收回视线再看向大麦，我的脑海中仍然留有这棵树的画面，同时更深刻地理解了我通过写作正在做，或者说正在尝试做的事。我写作是为了融合思想。我想让你，我的读者，无论你是谁，与我看到同样的画面。我认为我们越来越需要分享和看到同样的画面。

我对我所做的事又加深了理解，这种意识上的进步意味着一个变化和发展。现在我在为你而写，而之前我以为我只是为自己和孩子而写。但也许我已经有一段时间在往这个方向调整了。那些划分你我的专有视野，或许我们可以想办法使它们融合起来。

7月25日，星期天

造访惠特芬

天气暖和。但不热。有凉风。树林中阴凉潮湿。有一堆荨麻：

---

* 1品脱 =0.568升。

种子的自我修养

高大、分层的塔状结构。在树荫下挺立，且相互平行。我的脚（裸足穿着凉鞋）因为冒险进入而被蜇了。然后有只昆虫（蚊子）叮了我的手臂。先是被蜇，然后是被叮。我想象自己正被木头刺穿。被注射了什么。

荨麻的刺毛是单个的长细胞，它们的基部有带小囊的针。小囊含有刺激性的混合物，藏身于另一丛突出于叶片表面的更小的细胞中。刺毛本身是一个有微孔的毛细管。像玻璃一样精巧、脆硬。被我的脚碰到后，一些易碎的毛细管沿着预定的脆弱防线裂开，露出能刺穿皮肤的锋利边缘。当我的身体被刺穿时，小囊内的物质进入我的体内。具有攻击性的分子，令我产生痒痛感。然后，叮咬我手臂的昆虫再次刺穿我的身体，用它的管状口器查找我的血液。

后来去了沼泽。我身边有一棵芦苇——分节，叶子伸向一边。叶片的上表面有几排绿色蚜虫（偶尔夹杂着一只珊瑚色的蚜虫）。它们平行于叶脉线条排成纵队，趴在叶片上，管状的嘴穿透韧皮部，从植株上吸收养分。在我看来，今天的场景像是由具有穿透性和连接性的管子组成的网络，将沼泽和树林中的生物连接了起来，使景观交织为一体。

继续来谈管子……芦苇叶鞘的里面是花茎，在叶鞘形成的圆柱体中奋力向上。我知道它就在那里，虽然我看不到它。不久之后，它会像扫烟囱的刷子一样冒出头，整个沼泽会被一层羽毛状的花所覆盖。

斑尾林鸽发出柔和的叫声。我的脚趾仍然因被蜇而瘙痒，刺激着我的想法。一只亮晶晶的褐色小蛙从我的脚上跳入泥泞而湿润的芦苇地，直到它动起来我才看到它。它的突然出现把我吓了一跳，一开始我还以为是一块泥土跳了起来。

7月26日，星期一

昨天的经历十分有趣，所以今天我又去了一趟。途中，我骑车经过黄褐色的小麦田。有些小麦已经收割，麦田里堆着成捆的秸秆。另一块地里是成行开花的土豆：花瓣白色，泛着一抹紫色。

惠特芬的停车场是空的。风吹拂树木——桦树、松柏、水青冈、橡树，树叶相互摩擦，发出嘶嘶的声音，气流窜过小细枝之间的空隙。今天温暖而湿润。白羊毛般的云朵缓慢飘过，悬浮在空中，云朵之间小块的蓝色天空，显露出上方平坦云雾的痕迹。然后进入树林。前不久还生机勃勃的蓝铃花花毯现在只剩一片褐色。茎变得又干又脆，挂着空空的种荚，倒伏在铺满橡树落叶和分解落叶的霉菌的地上。我也注意到了黑莓的花朵。花瓣的白色中透着紫色，但许多花已经谢了，取而代之的是一团小而硬的绿色球体，下面是一圈枯萎的雄蕊。熊蜂挑出剩余的开着的花——绕着椭圆形的线路飞行，最后精确地命中目标。

我穿过树林，来到沼泽。我看到芦苇、柳兰，白色旋花、旋果蚊子草、野豌豆。尖尖的旧年芦苇（去年的开花秆，干枯，呈褐色）依然很高，但新的，充满活力的绿色分节茎很快会长到最高。沼泽里的植被纵横交错，长得和我一样高，杂乱地生长着芦苇、荨麻和其他草木。更远处是河岸上的欧蓍柳和柳树，灰绿色的树叶。我在一星期前的同一棵柳树下坐下，俯瞰着宽阔的沼泽。它的纹理让我激动不已——一层像针一样的线条，芦苇的茎构成直立的线条，与其垂直的线条是芦苇的叶片，与柳树同为灰绿色。一个和谐的场景。在这静止而摇摆不定的纹理之中漂浮着一只白骨顶，蝴蝶在它的上方飞舞：孔雀、斑尾林鸽、优红蛱蝶在那些突出于纹理表面的最高的茎秆间穿行。

气味也让我兴奋不已。旋果蚊子草的香气在唱歌，像一种心境。它们的花序悬浮在其他植被之上，像白色大帆状的云在海洋上空飘浮。它们产生一种香味。由重复的 5 个碳原子（单萜烯）构成的骨架形成挥发性分子。它们由花中的特殊细胞分泌，蒸发到空气中。它们的气味吸引了授粉的昆虫，并改变了我对眼前景象的看法。

刚才我发现了一些睡莲。在一个阳光斑驳的池塘里，有些树木的枝干伸到了水面上方。浮在水面上的白花，仿佛是用纸做成的折纸作品。它们有一种古老的气质。近来绘制的开花植物演化树认定，早在我们今天所认识的大多数植物属种尚未出现时，睡莲占据的一个分支就从其他植物中分离出去了。当然，这并不代表我眼前的这些睡莲是古老的——它们是现代生物，与当今世界上生存的所有其他生物一样，经历了同样漫长的演化。但它们代表了一种想法，即最原始的开花植物是什么样子。

我找了个地方野餐，从这里可以俯瞰惠特芬湖泊。从芦苇丛望过去，宽阔的水域泛着涟漪，湖的另一边是桤木和柳树，它们上方是一片如峭壁般垂悬的灰蓝色云层。远处传来雷声，仿佛天空中有块石头缓缓地从碎石坡上滚下来。我如何观察？我描述我之所见和场景的气味。我很敏感。我接收我的感官的感受。没有任何阻碍。我的思想通过向自己报告和描述观察结果来进行塑造。这没问题。我们看到的一切都通过思想的棱镜折射出来。我们歪曲我们所见，因为歪曲使我们看得更多。我们对照这种可预测的歪曲来检验下一次的观察结果。刚才我看着睡莲，想到了演化树，我感到花朵在某种意义上是神圣的，这种想法使观察显得更加可信。

在圣玛丽教堂的墓地里，坟墓上面几乎没有变化。实际上让人有点沮丧。我想继续写关于拟南芥的故事。但生长放缓意味着故事已经到了结尾。植株已经干枯，将要死去。仅剩瘦骨伶仃的茎和它的4个角果。茎和叶褪去了绿色。角果呈紫色和米黄色。现在，3个角果已经开裂，仍有种子附着在角果的内隔膜上（种子很小，深褐色，卵圆形），或者种子不见了，隔膜仍留在哪里，像一根细细的手指。这棵植株将要死去。有没有一个时刻，一个门槛，跨过去它就完完全全死了？我认为不是一条线，而更像是一个连续事件。但种子里还有生命。

7月27日，星期二

关于泛素 – 蛋白酶体系统

去了萨福克郡霍克斯尼（Hoxne）的磨坊举办的弦乐四重奏音乐会。那里是位于潮湿田野中的一个谷仓。风吹动四周的树木，在谷仓的木材缝隙间呜咽作响，这样四条弦就能悄无声息地穿过那条飘忽不定的声音带，就像平行的钢丝穿过奶酪一样。然后天气趋于平静，两只蝙蝠在屋梁附近忽隐忽现。

随着音乐流淌，我开始出神。圣玛丽教堂的拟南芥植株的种子面临着什么？从个体来说，是不确定的未来。从群体来说，它们还有机会。生命将会延续。最近我写到过演化树。这是一个吸引人的图像。也许像这样：一滴海水和蛋白质被封在一层膜里。它的后代在此后的数十亿年里扩散开来，每一个后代都可以追溯到最初的第一个。这个

种子的自我修养

想法中有一些普遍性的东西：共享的遗产，可以预测运转的共性，功能的保留。其中一个例子是泛素－蛋白酶体系统，一种在酵母、人和拟南芥的细胞中起作用的东西。一种选择性破坏蛋白质的机制。

蛋白质调节生命过程。它可以作为催化代谢反应的酶，或作为在发育过程中促进特定基因表达的转录因子。但是这些调节者本身也在许多层面受到调节。它们通过控制编码它们的基因的转录（进入mRNA）受到调节，通过控制 mRNA 翻译成蛋白质的速度受到调节，通过控制 mRNA 的稳定性受到调节，通过控制蛋白质本身的降解受到降解。泛素－蛋白酶体系统是多细胞生物体中选择性降解蛋白质的主要途径。它有两个功能：选择／标记功能和破坏功能。

首先，选择／标记功能。所有多细胞生物体都含有一个由76个氨基酸组成的小蛋白质，称为泛素。泛素是一种可重复使用的标签。通过一组响应激活信号进行连接反应的酶，泛素可以与特定的目标蛋白质连接。一旦被标记，目标蛋白质就被破坏机能——一种被称为蛋白酶体的多亚基蛋白复合物——识别。被标记的蛋白质进入蛋白酶体，然后被蛋白酶体内部的蛋白消化酶降解。泛素蛋白被完好无缺地释放出来，再去寻找另一个待标记的蛋白质。

泛素－蛋白酶体系统对生命的调节至关重要。它提供了一种控制细胞中的生长调节蛋白质水平的方法。当我听着莫扎特的乐曲时，DELLA 正在调节周围植物的生长，不管是田野里湿漉漉的草，还是在风中呜咽的树木。

此前我描述过赤霉素如何引起 DELLA 的修改。这种修改就是一种激活信号，这个信号可以使 DELLA 泛素化，被标记，然后在蛋白酶体中被破坏。DELLA 就是这样消失的。它们消失是因为被选择性地破坏了。它们的破坏使植物的生长摆脱了它们的抑制。

7 月 28 日，星期三

今天很热。当我骑自行车上班时，太阳火辣辣地晒着我的背，空气像温水一样热。

后来，去了惠特芬。今天一切都很好。厚厚的灰绿色芦苇地毯、斑斑点点的紫色（柳兰和千屈菜）与绿色的草地和谐相融。这些颜色对思想产生了甜美和愉悦的效果，唤醒了关于寻石南、蜂蜜、秋天漫步的记忆。香味也很甜美——具有穿透力。沼泽嗡鸣，焕发着生机。这里有缠绕着芦苇的旋花。我把我研究的基因和蛋白质看作沼泽中的生命的一部分。继续前行，我发现了一丛蒲公英的莲座，它有着精致的辐射对称结构，长在木桥的朽木中。当我发现它并低头看时，我看见一只牛虻伏在我的小腿上，于是啪地拍了下去。拍扁的牛虻落在地上，腿上留下一抹红色血迹。那棵蒲公英还没开花。它会等到明年夏天再开花吗？

另一棵小小的蒲公英吸引了我，它长在一根倒木的树干上。它长着最柔嫩的绿叶，从尖尖的草叶间冒出来，长在一片食槽状的东西上——那是腐烂后将要成为泥土的树皮碎片，还有被吹入缝隙中的尘土。这株鲜活的蒲公英，仿佛圆木的组织层一样。还有一些像它一样的，更嫩一些，小小的，紧贴着更高处的一个裂缝，与前一个缝隙平行。我最先注意到的那棵植株有片叶子被吃掉了一大块。但我更喜欢新的那些。那么小，那么完美的缩小版。我试着稍微拨开叶片，以便

　　　　　　　　　　　　　　种子的自我修养

看得更清楚。但它们非常脆弱，我怕会扰动它们。我可以看到两片已经发黄的子叶和两片真叶。精致、柔软而脆弱。我的故事本来可以关注它们。用细胞、基因和蛋白质构建出这些植株，与拟南芥植株大同小异。那些使蒲公英成为另一种东西的细节有所不同，但在其他方面都差不多。

7月29日，星期四

休眠的种子

现在是夏天的顶峰。天气炎热，蓝天上有一层迷雾。非常适合穿着短袖衬衫骑自行车。

我们已经完成了向地性实验。与盐实验一样，我们得到了正面的结果。正常的拟南芥幼苗的根部在移动后迅速地重新定向其生长方向。所有幼苗的根部都很快恢复向下生长。但缺乏DELLA的根不太确定生长方向。它们确实会转向，但比正常的根要慢得多，而且常常在一开始选错方向。最终，它们也会向下生长，但要花更长的时间才能做到。

我想我可以肯定地说我恢复了状态。我的想法再次喷涌而出。在不到一个月的时间里，我有了两个新想法，每一个都会成为新的研究项目的萌芽。关于这些新项目的工作/思考/写作将成为今年余下时间里的重点。与此同时还有圣玛丽教堂那棵拟南芥的生长。

想到拟南芥的种子正躺在圣玛丽教堂的土壤里，也同样令人愉悦。也许它们落在了碎石或沙砾间微小的凹陷或缝隙里。它们躺在那里休眠，进展受阻。等到条件适宜才萌发。这是一个不同寻常的状态：虽然表面上毫无生气，但新陈代谢在暗淡褐色外皮里继续进行。

爱丽丝在学校参加了"寻找昆虫和小动物"的活动。她对花园里酸橙树叶片上长出的一些虫瘿十分着迷。这些虫瘿是一些垂直于叶子平面傲然耸立的凸起，就像矗立在荒野中的史前巨石柱一样。不同于叶片的深绿色，它们是酱红色的，是由某种造瘿黄蜂或其他昆虫的幼虫造成的。这些虫瘿的特别之处在于，它们虽然是由昆虫制造的，但由酸橙树的细胞构成。昆虫幼虫以某种方式产生分子信号，操控了叶片细胞原本的发育轨迹，迫使它们的基因将它们引向不同的方向——在平面外而非平面内生长和分裂，制造色素，构建出它们原本不会构建的结构。惊人的可塑性。

7月31日，星期六

从我的书房窗口看出去，隔壁花园里的水青冈已经显示出季节更替的迹象。这么早，现在还只是7月。有一丝晦暗，微微泛黄。仿佛色彩在徘徊，成为环绕树叶和树枝的光晕。秋季何时开始，夏季何时结束？看到这棵准备过冬的树我有点不安。夏天终究要过去了。

　　　　　　　　　　　　　　　　　　　种子的自我修养

8月

8月1日，星期天

一切静止，高处的云覆盖了天空。从书房的窗口往上望，是一棵橡树。它的树枝看起来像绿色的剪影，而不是三维的，牢牢地贴在了平坦的灰色天空上。

有段日子没有下雨了。花园看起来干干的：褐变的塔状大戟长在尘土和干裂的土壤中。这么快，柔软就被粗糙所取代。在这样的天气里，圣玛丽教堂那棵拟南芥植株的种子不会萌发。我希望它们最终能够萌发。也有可能母株太过柔弱，没能支撑它们发育成熟。我真希望我想错了。我迟早会看到幼苗冒出来，看到拟南芥重回坟墓。

8 月 3 日，星期二

开始变热了。天空浅蓝，有薄雾。蓬松的白云缓慢地移动着。欧亚槭的褐色翅果挂在枝头，映衬在深绿色叶片的背景上（8 月的绿比 5 月的黄绿色更深，偏蓝）。当我下笔时，我觉得这些笔记应该强调变化、进展和过程，而不是一系列静态的图片。

去了惠特芬和圣玛丽教堂。从海上吹来了凉风。途中，一棵绿色树上有一小片泛黄的景象让我的胸口发闷，仿佛带来一丝焦虑。秋／冬季的预兆。

在惠特芬，芦苇地的绿色表面增加了一层薄薄的外壳：初开的花朵呈浅褐色和紫色。我上次来过之后，花葶已经从层层包裹的叶鞘中挤了出来。它们是禾本科植物，让我想起骑车来这里时路过的玉米地。

昆虫是绝妙的。蜻蜓、象甲、蝴蝶和甲虫发出嗡嗡声。有一只胸腹闪耀着点点海蓝色光泽的蜻蜓已经落在了我的笔记本上，一种象甲爬过了笔记本的内页。

芦苇、柳兰、荨麻生长繁茂。郁郁葱葱，迅速生长。生长动力来自 DELLA 抑制的解除。但它们的生长方式各有不同，产生了各自不同的特征和形状。今天的蝴蝶有许多荨麻蛱蝶、孔雀蛱蝶、小红蛱蝶，优红蛱蝶比之前要少。有一些钩粉蝶和斑点木蝶（又名帕眼蝶）。旋果蚊子草的花变少了。欧洲荚蒾的浆果正要从黄色变成橙色。

然后我去了圣玛丽教堂的墓地。它的广场两侧耸立的高大、深色的欧洲七叶树投下了浓荫。抬头仰望，看见长满尖刺的硕大圆形果壳挂在上面。在坟墓上，拟南芥植株的骨架已经干枯，变得细长，呈褐色，单薄，几乎已经死了。没有新的幼苗的迹象。我已经尽力寻找了。我趴下来，眼睛贴着土壤，绕着坟墓找了一圈。但没有发现惊喜。最近确实雨水不足。

在骑车回去的路上我想到了一些事。我们沉迷于自己的重要性。我们不断提出以人类为中心的世界观。我们的文献总是关注城市环境中的人际关系。我们为自己描绘的图像只占整体的一丁点。我们能否改变这一点？如果不能，我们的自我中心观可能会破坏整体。但我们就是如此。我们在看待这一切时，仍然会将自己放在中心。这是我们的本性。那么我们该怎么办呢？

8月8日，星期天

基因水平的演化

去爱尔兰的途中。最近几天都在为这趟旅程做准备。现在是深夜，在前往科克的渡轮上。这几天，一场风暴从西至东横扫了大西洋，现在将要偃旗息鼓，但仍使我们的船颠簸不已。我躺在铺位上，在脑海中书写，让我的思想得以疏导，希望能够避免晕船。

不知道在我离开的这三周里，圣玛丽教堂的种子会如何。还有惠特芬的芦苇花。现在距离如此遥远——它们在英格兰东部，而我在威尔士的西边。它们是精致的羽毛状的东西。分枝的茎是绿色的，但小小的颖（薄薄的覆盖小穗的膜状物）是深紫红色的。深浅不同的绿色和紫色使整个花序呈现出可爱的斑驳感。

紫色是花青素的颜色，绿色部分则是缺少花青素的区域。关于控制花青素分布的方式，我们在玉米这种与芦苇关系十分密切的禾本科植物上已经有了透彻的理解。玉米通过一个调节色素基因表达的转录因子来控制其色素分布。这个转录因子叫作 BOOSTER（B），因为它能够提高含有它的细胞中的色素浓度。因此，编码 B 的基因（*B*）在那些注定要变成紫色的细胞中被激活了。然后 B 再激活编码某些酶的基因，这些酶会产生一系列反应，从而产生花青素。不同品种的玉米具有不同的色素分布。例如，有些品种有紫色的茎，有些有紫色的叶片，其他品种则两者皆无。其他品种在颖的色素沉着方面有细微的差异。这种变化是由于 B 的启动子区域序列的变化，而不是由于 *B* 编码的蛋白质的差异引起的，这一点或许有些出乎意料。

这些发现具有重要的意义。演化通过变化进行。*B* 基因的变化可能改变了 B 的运转方式（改变 B 蛋白本身的运转方式），或改变了 B 蛋白产生的时间和位置。B 的大部分变化似乎都涉及控制基因表达的启动子的变化，却不涉及基因编码的蛋白质的变化。此外，如果玉米不同品系之间的差异是基因表达模式的变化造成的，而不是由于基因编码的蛋白质，那么不同植物物种，比如说玉米和芦苇之间的差异呢？也许两者产生的蛋白质大致相同，它们之间的差异只是由于这些蛋白质的表达在时机和细胞特异性上的细微差异？相较于蛋白质序列的变化，是否基因调节区域的变化才是推动演化的主因？

当船发生颠簸和摇晃时，我想到了另一件事。B 是一个转录因子，是一种通过与其他转录因子相互作用来控制基因表达的蛋白质。编码 B 的基因 *B* 有属于它的启动子，该启动子的结构变化将改变 *B* 的表达。*B* 的启动子的结构变化会改变表达，是因为它改变了启动子本身与其

　　　　　　　　　　　　　　　种子的自我修养

他转录因子相互作用的方式。因此 B 不是一个不起眼的实体。它属于一个复杂的基因网络，这个网络通过其编码的转录因子调节其他基因。有一种主流观点，认为基因是简单的单一事物，独自完成一个明确的任务。这种想法过于单薄，缺少现实的丰富性。

8 月 9 日，星期一——阿哈吉斯塔（Ahakista）

我们又来到这里，再一次回到可爱的爱尔兰。一如既往地有一种沉浸在气候中的感觉。从西边，从海湾的另一边，吹来了阵雨和点点阳光，各种形状和厚度的云朵；一条短暂出现的彩虹，两端插入地面，在海湾上空划出一条弧线：一切都富于变化。

当然爱尔兰是绿色的。这种说法虽然老套，但符合实际。这里有色彩层次极为丰富的绿色，仿佛在绿色分区里蕴含着一个完整的光谱：祖母绿、黄绿色；绿玉色和灰绿色；各种翠绿色，从深深的雪松绿到肥沃牧场的柠檬绿。

首先，我会休息几天。但之后我必须重新开始思考。关于我们的两个新项目：盐生长反应、向地性。我十分期待。我相信在这里我的思路会很顺畅。

8 月 11 日，星期三

今天，我们冒着大雨走出了门。有时最好的想法——看待世界的最新方式——是最脆弱的。与之相反，科学观点有时看起来如此自信，如此强大。但这是碎片化的观点。而我在努力从整体上看待这个世界，从而使一切说得通。这有可能吗？

8 月 12 日，星期四

昨晚我对宇宙有了新的认识。参加班特里（Bantry House）的一场音乐会。在图书馆里，从巨大的窗户望出去，能看到花园。幕间休息时，黯淡的灯光换成了点着蜡烛的环形吊灯，十分明亮。花园里，雨不紧不慢地下着，雨滴垂直落下。马丁·海耶斯（Martin Hayes）精妙的小提琴声在那温暖、嘈杂的雨中且歌且舞。由丹尼斯·卡西尔（Dennis Cahill）弹吉他伴奏。激情和克制同在。他们用脚跟捶击地板。交织的渴望围绕着几不可测的节奏：时间和音高的拉伸和挤压。生命全在其中了。

音乐具有许多层面。有基本的事物：旋律、节拍、和声等。也有装饰音和细微变化。我们同时感知各个层面，从中获得全部。但生命的过程呢？难以领会。因为关于那些基本的事物，关于我们无法看见的分子之间的相互作用，我们只有远远地，通过显微镜，通过遗传学逻辑，才能认知。

8 月 14 日，星期六

天气晴朗。天空有鳞状云。我们的房子是一个白色立面的石头立方体，板岩屋顶，窗户有蓝边。周围环绕着一片松树林，松树在微风中低语，呜咽，伴随着鸟儿的鸣唱。

房子位于一座山脊的侧面，即羊头半岛的指骨的位置。在我们的上方和后面，都是荆豆、橄榄绿色和褐色的粗糙尖硬的草，以及一丛丛紫花欧石南：这里是披盖沼泽和高沼地，覆盖着一层薄薄的岩石。

　　　　　　　　　　　　　　　种子的自我修养

下面是丹蒙纳湾：今天介于哑光和亮光之间，呈蓝灰色，平静如镜。在我们和海之间，是温柔的牧场、耕地。总的来说，这里是一个由风景和天气组成的巨大的圆形剧场。

昨晚又听了音乐。关于爱情和失落；关于生命、死亡、短暂；关于花朵和土地；关于雨和风的歌。音乐、风景、生命，都连接了起来。

8 月 15 日，星期天

沿着马路走下去，然后穿过山地，到达海边的古老石圈。据说大约有 3000 年的历史。11 块石头。其中大多数已经倒下，还有两块仍然竖立，位于边缘。其中一块靠近一棵枯萎的冬青树，树枝像手指抓东西一样包裹着石头。

我想到了 DELLA，它们的结构比这种石阵更古老。然而，每一个 DELLA 都是转瞬即逝的。遇到赤霉素后，每一个被标记的 DELLA 都会被破坏。我们只知道这么多（我认为）。植物就是这样生长的。

当 DELLA 被标记后，植物有一种机制可以检测 DELLA 并将其引向蛋白酶体，最终破坏 DELLA。这种机制以 SCF 复合体的形式存在，由 S、C 和 F 代表的三种不同的蛋白质联合运转。其中最为相关的是 F 蛋白。它有一种特殊功能。它能识别 DELLA 并与其绑定，而且特别容易被已标记的 DELLA 所吸引。DELLA 一旦被 SCF 复合体捕获，就会被打上一系列泛素标记——蛋白酶体的入场票。只要抵达内部，DELLA 就会被破坏，其组分氨基酸被释放（可能被用于组成另一种蛋白质）。所有这些蛋白质——DELLA 本身、所有的 SCF 成分——个体的存在都是短暂的。然而，它们所做的事，它们的功能，无疑是古老的。

8月16日，星期一

来自北方的凉风带来了不同浓度的乌云。有阵雨：有时是大量的水珠弹砸向地面，有时是乳白色的雨雾，飘忽不定。由于云的幻化无常，光线的矢量也随之不断变化。各种事物——草叶、花朵、浆果和山楂树叶——的样貌每过几秒钟就发生一番变化，纹理变得明显或模糊，下部变得或明或暗。每当光源转移到一个新的地方，所有事物都以新的方式出现在眼前，而且每一种新的方式都与之前不同。所有这些都是在房子附近湿漉漉的小路上散步时观察到的。

这条小路是一条两旁有树篱的林荫路。在树篱里，有在潮湿温润的西科克生长得极其茂盛的倒挂金钟；红色的花朵与山楂尚未成熟的浆果相得益彰；紫色的黑莓、橙色的雄黄兰，都与欧洲对开蕨缠绕在一起。外面是长草的路缘，全都是旋果蚊子草，它们的气味在阵雨间隙的潮湿空气中显得格外强烈。

8月17日，星期二

搭车去了东边，然后沿着半岛的山脊往西走回来。班特里湾在右边，丹蒙纳海湾在左边。阳光灿烂，偶尔有云飘过，一阵大雨落在贝亚拉（Beara）半岛，但离我们还有一段距离。有一小片云遮住了太阳，天色突然暗了下来，引发了我的担忧。担忧什么呢？雨？死亡？也许两者兼有。一想到死亡，就感到既焦虑又舒适，但与这种景观的接触马上将这两种情绪消解了。

我们在山顶野餐。孩子们在阳光下很开心。吃完后,我们互相给对方念书。山脊是裸露的岩石、帚石南和尖硬的褐色的草,闻起来很奇妙:泥炭和帚石南(紫花欧石南和帚石南)的气味。各种植被交织成一张地毯,覆盖在岩石上,形成一层泥炭土。我们沿着山顶往回走,在我前方的两侧是米曾(Mizzen)和贝亚拉两个海岬,然后我再次想起我必须尽快认真思考的那些想法。关于向地性:植物如何弯曲其根茎,以便从这个世界获取最大收益;根绕过石头,然后回到泥土中,或伸向土壤中的水或养分;茎争取获得更多阳光;以及所有这些圆柱体彼此之间的弯曲和扭转,如何形成我们此时愉快地迎着傍晚的太阳向西而行时踩在脚下的植被。

8月18日,星期三

继续在这个美妙的地方度假。我们住在可爱的白色房子里。丹蒙纳海湾像一条皱巴巴的灰色床单在我们面前展开。远处是隆起的米曾半岛,呈苔藓绿,有小片的树林。

后来去了德林(Dereen)花园。这里位于贝亚拉半岛的北侧,刚刚进入凯里郡。花园呈现出一幅具有经典共鸣的景象。从房子那里向草坪另一边望去,透过树木,能看到下面的海景。仿佛是奥林匹斯山峰脚下的山谷。树荫下生长着富有异国情调的浪漫植物:桉树和桫椤。湿润的空气中飘浮着芳香油的气息。大量的杜鹃花。淤泥中蕴含着惊人的肥力。我深感敬畏:桫椤的宏伟架构、它们古老的结构样式,是两条DNA分子链的组织构造、分离和复制的结果。

然后奥林匹斯山上的诸神在地板上拖动一把椅子：雷声轰鸣，雨水倾泻而下。我们跑过草坪，完全暴露在这一阵极短的降水中，不一会儿就湿透了。几分钟后，太阳又出来了。

之后，我们在海滩上，在漂浮的黄色海藻间玩耍，阳光把我们身上的衣服晒干了。很惬意地看着潮水潭——其中包含着生命活力：窜来窜去的虾，柔滑的海葵。小小的寄居蟹住在玉黍螺壳里。我抬起头，看见一只苍鹭飞过，我一下子想到画家会画出的那种画面——用几根线条画出喙和扇动的翅膀，以及圆筒状的斑块来传达，或者抽象地表示"苍鹭，飞翔"的想法。我认为，如果出现在你脑海中，那么也会向你传达相同的想法。我们这种看见这个世界之后在脑海中重新绘制的方式，是否让我们感到自己归属于它？如果对我们的科学图像做同样的事，又会怎样？比如说，画一张大家都能理解的草图（或抽象图）来代表 DELLA，是否能让大家对这些事物产生一种熟悉的感觉？它们和飞翔的苍鹭一样，是我们的景观的一部分。

8 月 19 日，星期四

今天是 8 月里冷得异乎寻常的一天。在丹蒙纳海湾的另一边，阳光的光束从一个云洞斜射下来，照在米曾半岛上。随着云洞的移动，米曾的形状也被衬托得迥然不同。同样的事物发生了变形——景观中的褶皱忽隐忽现。我想到了蛋白质的景观。两者有相似之处。我记得复活节在沃夫山谷时也想到过类似的事情。

种子的自我修养

8月20日，星期五

依然很冷，今早来自北方的风吹来了秋天的气息：在微风的凛冽和阳光的炽烈产生的张力之中，蕴含着兴奋。

去了杜恩（Dooneen）海滨。退潮了——潮水潭里满是各种带条纹的贝壳；红色、绿色和紫色的海葵，绿色和黄色的海藻。一只海豹在近海处摇晃着光亮的灰色脑袋，看着我们。我们听到他在哼哼，打着响鼻。回望丹蒙纳海湾的景色，很美。

8月21日，星期六

天气依然凉爽。但今天没有一丝风。海湾水平如镜，倒映着对面海岸上的岩石、树木和房屋。

我在度假，现在是思考的时候。自从我1月份开始记这些笔记和草图以来，发生了哪些变化，取得了哪些进展？那时，我处于低潮期，难以看清事物之间的联系。但现在我看得清楚一些了。我看到我们的科学是相关的。

我今天特别敬畏世界虬枝盘曲的复杂性。我们都知道，DNA及其复制造就了我们认识的这个生生不息的世界。但我认为这个真理还没有渗入到我们看待自己生命的方式中去。即便对我来说也是如此。今早在隔壁农场看挤奶时，我不得不提醒自己，黑白奶牛，牛粪，稻草，牛奶、饲料和粪便的气味，苍蝇，甚至是挤奶棚本身的结构，都是DNA复制的结果。

DNA并不是唯一对这个场景至关重要的东西。比如说

DELLA。如果没有 DELLA，就没有稻草，没有牛或牛粪，没有挤奶棚，也没有我们。只是无数不同的分子和结构中的一种，是我们所谓的生命中必要的和相互依赖的部分。然而我们看不到这些东西。就好像我们正在听一首交响曲，但只能听到最高音，却听不见构成和声的低音音符。

8 月 22 日，星期天

夜间有暴风雨。醒来时听到树木中有风的呜咽和簌簌声，橡的嘎吱声，窗扇的撞击声。雨倾泻而下，敲击着屋顶的石板。我们舒舒服服地躺在床上，尽管风雨交加，但柴炉给了我们温暖。我躺着，我喜爱这种内外的强烈对比带来的所有嘈杂声和安全感。我喜爱这种非凡的、与世界接触的感觉，在这里，这种感觉似乎总是强于诺维奇。人们会时刻注意到天气的细微变化、风速的渐变、阴晴变换、降雨。它让时间显得更真实——以某种方式标记出来——让每一个时刻都被感受，被回味，然后消失。不像在诺维奇那些单调、毫无特色的时间。我们在这里更接近生命、死亡和短暂的现实。

今天早上很平静。没有风，太阳在云层之间。阳光又以一种新的方式照耀着山峰。各种特征被阴影削弱或强化。

我已经开始为向地性研究勾勒一篇论文的轮廓。尽管还有很多事情要做。我构思了几个小节。第一小节显示缺乏 DELLA 的拟南芥突变体的向地性反应受损，即描述我们在 7 月底的发现。当正常幼苗在培养皿中的琼脂（表面垂直于地面，与重力方向平行）上生长时，根部沿着琼脂表面向下生长。当培养皿翻转 90 度时，根部迅速地做一

　　　　　　　　　　　　　　种子的自我修养

个直角转弯，然后朝着（新的）方向向下生长。但当 DELLA 缺乏突变体接受这种处理时，其根部的转向要慢得多。

论文的后续章节尚不明朗。但是会讨论另一种植物激素，即我在前文中提过的一种被称为生长素的激素的生物原理。根部的弯曲是由生长素引起的。当培养皿翻转时，正在生长的根不再处于垂直方向。生长素在根的（新的）下部细胞中蓄积。这种蓄积抑制了下方的生长，但不抑制上方细胞的生长。结果是根部弯曲生长。我们新的观察结果表明，DELLA 缺乏会影响根部的生长素正常的生物原理。它会阻碍生长素蓄积的出现，或者阻止下方细胞对生长素的蓄积产生反应。在接下来的几个月里，我们将通过实验甄别这两种可能性。无论我们有什么发现，都将是新发现。

8 月 23 日，星期一

这里的植被品质影响着思维。走出房子，沿着路走下去，有一片潮湿的公用土地，那里密密地丛生着许多灯芯草。它们是绿色和褐色相间的，花和一些茎是褐色，其他茎是绿色；每当我的目光落在那里时，只要看到它们，就会触动一根弦，引起忧郁的共鸣。这种声音会充斥我的所有思想，或是转瞬即逝，或者只要我把视线转向其他事物，它就会消失。但问题是，灯芯草的颜色和纹理具有打动人心的力量或潜力。为什么？是因为它与一些被遗忘的记忆有关吗？

其他植物也有同样的效果。今天早上，在去杂物房取木柴时，我抬头望见了谷仓后面的欧亚槭。突然间，我在树上看到了第一抹秋色的痕迹，有些树叶的绿色中略带一丝橙色，翅果变成了棕黄色。这个景象惊醒了我。就像心跳停了一下。这是秋天的早期迹象。

思想的流动总是由于突然的领悟而改变方向。思维每时每刻都会被温度变化、眼睛感受的阳光或突然的黯淡、飘散的香味，以及令人分心的噪声戳中。然而，我们的科学思想——例如对分生组织的理解——尽管在这一背景之下，也仍会发生。它的秩序随时可能由于世界上其他事物的侵扰而被破坏。也许正是因此，科学才如此艰难？科学坚持不懈地将思想集中在主题上，排除生活的其他方面。无知无觉的全神贯注，将科学从世界中抽离出来。我认为这些笔记可以看作解决这个矛盾的一个尝试。

8 月 25 日，星期三

我在房子后面的山脊顶上，俯瞰着班特里湾，写下这些话：我的对面是亨格里山（Hungry Hill，又译作饥饿山峦），左边是圣菲（Seefin），海湾的石板上有白色斑点，风把帚石南和荆豆的香气吹入鼻腔。太阳很温暖，但凉爽的北风减弱了它的亮度和热度。

我走过三座通向山顶的山岗，太阳和湿漉漉的地面让每个山岗上的避雨屋都闷热难耐。最后，经过了曾经的田野和废弃的住宅。那些无名的双手经过了怎样艰苦卓绝的努力，才创造出那些田野。它们依然存在，被外围倒塌的石墙标示出来。昨天我们向西走到了半岛的尽头，沿途都是同样的景象：古代住宅的遗迹、荒芜田野的轮廓。尽管正在慢慢地重新变成沼泽，它们作为田野的特征仍然明显地保留了下来。

昨天我在走路时意识到，现在我对死亡的思考多起来了。每个人都是这样吗？在我 20 岁时，我从来没有想过死亡，但现在我快 50 岁了，就会想到了。只是有时候，当我以一种新的方式看待某种事物时，比如说当阳光以前所未见的方式照亮了半岛尽头的海浪时。而且我意识到，那个时刻的感觉，无论我多么努力用文字去捕捉它，或是将它留在记忆中，那种独特的视觉都会消逝。

8 月 26 日，星期四

今天在圣菲散步，在山顶野餐，然后踏上前往基尔克罗恩（Kilcro-hane）的路。班特里湾和丹蒙纳海湾分别在两侧，被陆地推向海边的感觉很美妙。景观动人而庄严。特别是宏伟的亨格里山，它从海中拔地而起。真是风景如画，在不断变换的光线中显得时而坚实，时而摇摆不定。为什么它会这样打动我们？我突然想到，每个细胞都有同样美丽的景观，也应该唤起类似的崇敬。然而事实并非如此。但是，我很难再继续这个思路，因为我不太明白景观为什么会如此影响我们。也许这是一个文化现象，要从浪漫主义诗人说起？我不确定。动人景观的影响如此发自肺腑，似乎是与生俱来的。

我一直在勾画另一篇论文可能包含的内容，这一篇也与景观有关。关于植物之外的世界如何塑造其生长和发育。我认为这篇论文会是一篇重要的论文。首先，它解释了 DELLA 为什么存在。以前这是一个真正的难题：如果 DELLA 对植物的生命如此重要，那么缺少 DELLA 的植株又怎会与含有 DELLA 的植株如此相似呢？（当植物在最佳条件下生长时，几乎没有任何区别。）新想法是：DELLA 帮助植物对不利条件做出反应，真正的"适者生存"。

不利条件（过热／过冷、土壤过咸、干旱等）会带来压力，为了植株的利益，也许应该减缓生长，等待更好的时机。我们已经表明，土壤中的盐抑制根的生长，但对缺少 DELLA 的根，生长抑制则较少。接下来我们需要关注的是生存。检验 DELLA 在不利条件下造成的缓慢生长能否使植物在这种条件下生存下来。我的猜测是肯定的。有毒的盐分水平使 DELLA 保持稳定，由此导致的生长减缓使植物能够摆脱压力条件。这样的话，当条件改善时，生长可以恢复。这是我们需要检验的东西。

8 月 27 日，星期五

今天我们乘船去看海湾里岩石岛上的海豹。浅水中有一群在阳光下闪闪发光的鲱鱼。上千条甚至更多的小鱼突然同时转向，看似合并的闪光。这让我想到 DELLA，我们在"解除抑制"模型中描述的只是某种蛋白质，而实际情况是许多分子，一群蛋白质的群体作用。

8 月 30 日，星期一——牛津

回家途中的最后几天——坐着渡轮横跨平静的海面，中途在牛津停留一两天。今天下午走路去了宾塞（Binsey）教堂。结果大吃一惊。我们上次来这里的时候，有一条优雅的大道，高大繁茂的欧洲七叶树组成一条隧道，将步道引向墓地。但现在这种景象消失了。砍掉了，全部砍掉了。为什么？我第一眼看到那些树桩时，仿佛突然被一拳击中了眼睛。这个场景变得渺小、苍白、贫瘠。为什么偏偏是这里，在这个"宾塞杨树"有望获得认可的地方？一棵都没留下，只剩两行平

　　　　　　　　　种子的自我修养

行的树桩。

为什么？很明显是担心诉讼纠纷。树枝有掉落伤人的风险。那么现在我们是否应该砍掉这片土地上所有的树木？我们是否要继续歪曲和修补这个世界，让它变得更安全，然后彻底失去它？

9 月

9 月 2 日，星期四

回到了诺维奇。回到了家里。从书房的窗口望出去，是一片初秋的景色。阳光已经有了秋季的感觉。每一天，太阳在空中的位置都会低一点。阳光斜照。

今天没有风，只有轻微的气流。酸橙的叶片静止不动。每一片叶子都待在一个地方，没有风将它吹向另一个地方。有颜色的变化。水青冈叶片是稀释后的橙汁的颜色，而酸橙树上有一小束叶片，从窗口看过去像一个斑点，是一抹淡黄色映衬着暗绿色的背景。

　　　　　　　　　　　　　　种子的自我修养

我感到兴奋不已。每到秋天，总会有这种特殊的感觉。这是什么？为什么？是因为快要到达冬天的边缘，生命的呼吼听得更清楚了吗？

昨天我去了圣玛丽教堂，期待能看到拟南芥的幼苗。但依然一无所获。在坟墓表面的土壤颗粒之中，究竟在发生什么？幼苗何时才会出现？我曾经见到那些细小的褐色种子紧贴在开裂角果的隔膜上。然后，几天之后，它们不见了。那是大约六周以前。它们现在怎么样？它们一定在某个地方。由于露水和近期的降雨，土壤是潮湿的。它们会很快萌发吗？我想看看下一代。这是整个周期的下一个转折点。在兴奋的状态下，它们的缺席带来了心痛和沮丧。

9月3日，星期五

无风的早晨。笼罩着接近金色的初秋阳光。它带给我的感觉难以表达：混杂着崇敬、喜悦和赞叹。今天的阳光，我书房窗外的整个场景，都激励着我。从前，主流观点认为，世界是由上帝创造的。一个看不见的神，在自然界中却显而易见。现在，由于科学的进步，我们倾向于以不同的方式看待自然。但人们常说，以目前的观点来看，并不存在什么未解之谜，或者说神秘的色彩已经减退了一些。似乎我们的理解越深刻，敬畏就越少。但我不这样认为。世界是宏伟的，现在和过去同样宏伟。

然后是目的的问题。看到自然界，以及动植物的结构，会很自然地认为这种机制背后有某种设计或模式。的确，科学本身常常用机器图像来描述生物体、信号通路的表征等等。我们经常为了达到某个目的，把生物体比作我们设计或建造的某些结构。这些带有目的性的想法源自上帝设计了世界的观点。

科学揭示了一个不一样的故事。没有宏伟的设计，也没有某种力量去检查一切是否按部就班地进行。我们随着随机突变而变化。如果这种变化偶然导致功能的改善，它就会持续下去。这个新的故事可能不像旧的说法那样慰藉人心，那样有吸引力，但仍有值得欣赏的地方。我认为我们应该维护敬畏的正当性。找到一种方式，既要撇开关于神圣目的的想法，又不要放弃奇迹的感觉。

9 月 7 日，星期二

苏林格姆在温暖的金色阳光下熠熠生辉。欧洲七叶树现在非常壮观。随着季节的更替，叶片虽然仍然是绿色的手掌状，但已经老化（有清晰的褐色和黄色斑块）。它们的时间不多了。坚果壳是一个个长满尖刺的小球，悬空，下垂。像一群群的绿色哨兵，等待下一刻落向泥土。

但最美好的事，我认为，是我看到了新一代的拟南芥幼苗。不过要花点功夫。只有当我双手和膝盖着地，用放大镜扫视坟墓的角落时，才能看到。它们令人愉快，在镜片下像精致的珠宝，光芒四射。绿色的子叶。鲜艳，带着一抹芥末黄。在黑色潮湿土壤的映衬下格外明亮。毫无疑问，这些都是它们所围绕的那棵瘦骨伶仃的植株的后代。其中有一种联系。下一代。周期进入下一个阶段。

我迅速地为其中一些画了张草图。围绕着枯茎，共有 14 棵幼苗生长在约 4 英寸见方区域内的土壤上。幼苗分布不均匀，集中在一个区域里，仿佛一朵云，就像已经死去的母株投下的雨影。

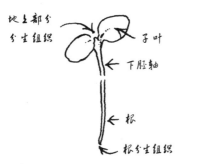

拟南芥的幼苗。左边，是一棵幼苗的图。右边，是一些新的幼苗。

更精确地描述幼苗个体：它的生长始于种子里胚胎的伸展和扩张。多么了不起的转变啊。从微小、干燥、惰性、几乎不可见的一个小点变成肉质的幼苗。都在一两天里发生了。每棵幼苗都有一对反向生长的子叶（子叶之间是地上组织的分生组织），一个下胚轴和一条已经钻进土壤里的根（当然后者我是看不见的）。这个结构与在胚胎中的时候一样，但放大了一些。下胚轴通过其细胞的扩张实现生长。尺寸大幅增加，每个细胞都扩张到其原始体积的一百倍以上，由于膨胀压力和细胞壁的松弛而变成拉长的圆柱体。这些受 DELLA 控制，下胚轴细胞的生长是由于 DELLA 介导的生长抑制剂有规律地释放。当下胚轴生长时，子叶和根也同时生长。在这里，细胞扩张和细胞分裂都起了作用。

这一切的结果是：幼苗。像种在坟墓里的一个个小十字架。

DELLA 根据气候变化协调拟南芥种子萌发的时间。这种协调十分重要，因为未萌发的种子相对安全。但种子萌发后就全凭运气。迎接命运无常。种子里有一个生存工具包。子叶中储存着一定的营养物质。这些营养物质在萌发过程中推动生长。但这种配给是有限的。最终幼苗必须成长为自给自足的独立个体，并且要在配给决定的时间内做到。

找到这些幼苗令我感到安慰。那种曾经的确定感又回来了。像钟摆的摆动，令人心安。从种子到种子，再到种子，年复一年。

大约一年前，我们发现拟南芥的 5 种 DELLA 中的一种会根据水分条件，对触发拟南芥种子萌发起到一定的作用。想起这里，我简直无法想象我居然花了那么长时间才想到我们最近的新研究方向。它就在面前盯着我们。我们已经有了一个例证，说明有一种 DELLA 是植物内部和外部之间的接口：这种 DELLA 可以根据环境调节种子的萌发。为什么我们没能轻松地从这个特定的观点走向更普遍的观点？

9月8日，星期三

关于 RGL2 与萌发

又是一个阳光明媚的早晨。仿佛能够看到旋风周围的同心等压线飘浮在我们头顶的大气中。在静止的空气中跑步，途中惊起了两只斑尾林鸽。直到它们动起来，我才看到它们。这让我想到宇宙正是由可见和不可见的事物组成的，但有时，由于不可见事物的性质发生了变化，它们会变得可见。

回到种子的萌发。回到我昨天提到的发现。缺乏赤霉素的拟南芥需要提供赤霉素才能萌发。我之前描述过，要让赤霉素缺乏型突变体的矮化茎恢复正常生长，可以通过施用赤霉素，或者去除植株细胞中的 GAI 和 RGA 两种 DELLA。但是去除 GAI 和 RGA 后，赤霉素缺乏型植株并不是完全正常的。种子的萌发仍然需要施用赤霉素。这表明，在 GAI 和 RGA 控制茎生长的同时，其他一种或多种 DELLA（RGL1、RGL2 或 RGL3）在调节种子的萌发。

我们最近对这个预测进行了检验。我们的发现具有秩序美。

自从 *GAI* 的克隆成功后，这几年人们对拟南芥的生物原理的理解取得了许多重大进展。正如我之前提到的，其中最重要的一点是拟南芥基因组的测序。差不多就在基因组测序进行的同时，几个实验室收集了携带转座子插入的拟南芥品系（数以千计的个体），其中被转座子干扰的特定基因序列是已知的。这些收集的品系中的某些突变品系可能携带有插入在 RGL1、RGL2 或 RGL3 上的转座子。令人兴奋的是，我们发现了一些携带有 RGL1 和 RGL2 插入的品系。

这些插入破坏了其所在基因的结构，阻止了这些基因的运转。所以我们希望看看能否发现携带这些新突变的植株和正常植株之间的差异。起初，缺少 RGL1 或 RGL2 的植株看起来和正常植株无异。种子萌发，幼苗生长，成年植株开出的花与一旁非突变植株的花一般无二。但是缺少 GAI 和 RGA 的植株看起来也相对正常，只有在赤霉素水平减少的植株中，缺乏 GAI 和 RGA 的效果才表现明显。因此，我们将缺少 RGL1 或 RGL2 的突变体与 gal-3 突变体（赤霉素缺乏型突变体）进行杂交，得到既缺少其中一种 DELLA，又缺少赤霉素的植株。

然后我们有了意外的发现。我们种下了一些同时缺少 RGL2 和赤霉素的种子。万一有什么重要发现呢？我们也不确定真的会有。毕竟，这些种子缺乏赤霉素，可能根本不会发芽。几天后，我们惊讶地发现，它们长大了。我们看到了幼苗：矮胖的下胚轴托着绿色的子叶，使之与天空和土壤平行。尽管缺少赤霉素，还是萌发了。在接下来的几周里，我们继续观察这些植株，很明显它们的后续生长与具有正常水平RGL2的赤霉素缺乏型植株完全相同。它们呈深绿色，植株较矮，花朵的花瓣和雄蕊较短。

因此，RGL2 与控制拟南芥的种子萌发密切相关。RGL2 起到了其他 DELLA 所没有的作用。这个观察结果说明，是 RGL2 本身阻止了赤霉素缺乏型种子的萌发。正常种子中的赤霉素战胜了 RGL2 的作用，从而得以萌发。

我们发现，RGL2 调节萌发的方式非常特别。从母株脱落的种子是干燥的，仅含有少量水分。它们需要有水才能萌发。而且，水能触发萌发。当干燥的种子遇到水时，就会吸水。在这种情况下，萌发就开始了。此外，*RGL2* 信使 RNA（编码 RGL2 的 RNA 转录因子）在胚胎细胞中含量水平迅速上升。这种上升导致 RGL2 含量水平的上升，而 RGL2 能够阻碍种子的萌发。因此，水启动了萌发过程，同时又设置了阻碍该过程的障碍。

拟南芥种子的萌发不仅需要水。它们也需要光照。拟南芥种子不会在黑暗中萌发。当种子得到光照时，光促进赤霉素的产生。然后，赤霉素引起 *RGL2* mRNA 水平的降低，并促进 RGL2 蛋白的消解。从而消除由 RGL2 对萌发造成的障碍，使萌发得以进入下一阶段。

这就是圣玛丽教堂墓地表面的一粒种子所经历的事。它的感知力十分精妙。下雨了。雨水浸湿了土壤。种子吸水，像海绵一样膨胀。受水的影响，*RGL2* mRNA 水平上升。RGL2 得以生成，并阻碍进一步的萌发。但这种阻碍是暂时的。一个检查站。确认种子位于土壤表面。阳光穿透种皮，并刺激胚胎细胞生成赤霉素。赤霉素降低 *RGL2* mRNA 的水平，导致 RGL2 的消解。这样，阻碍消除了，种子继续萌发，成为幼苗。

这是一系列的制衡。此外还有其他。它们要确保进展顺利，最终完全萌发，但只有在适当的条件占上风时才可行。水和光都是必需的。其中充满和谐。

9 月 11 日，星期六

天气预报说还会继续降雨。天气云图显示出大西洋上深低压的各个环和靶心，它直指苏格兰南部。在它的边缘是降雨区域——明天这里将会有雨。

9 月 12 日，星期天

下胚轴的生长

夜间有一阵强风和暴雨。树随之狂舞，呼啸声不断传来。雨下得很密，雨量达到了少见的程度。如此持续了几个小时，地面被淋湿了，被浸透了。这对幼苗十分有利，有助于生根。今天早上，气温又回升了。

早晨有太阳，然后是雾。我沿着河边骑车去上班，途中遇到一股薄雾，眼看着太阳从艳丽的蛋黄变成了浅樱桃色的番茄。

萌发主要涉及细胞的扩张。吸收水分后，胚胎开始扩张，然后冲破种皮的束缚。出来之后，继续生长。下胚轴的生长特别令人着迷。它的方向和长度是由下胚轴细胞里的基因、外部的世界以及太阳决定的。

太阳是天空中的一个球体，它发出的光抵达地球。我们通常就是这样看待它的。但是那个球体的边缘在哪里呢？把阳光所及之处看作一个大球体，把太阳看作它的核心。那么我们都将成为太阳的一部分，种子的萌发也将成为太阳本身的属性。

9 月 13 日，星期一

一个灿烂的、金色的夏末早晨。

沿着布雷肯代尔骑车，阳光照在我的脸上，真正的视野常常出现在视线边缘，模糊不清。我突然意识到——首先是感觉到，而不是有意识地听到——远处市政厅的钟已经敲响 8 点的钟声。听到第二声钟声我才能确认。但我知道——知道第一声已经响过，虽然我没有意识到自己听到了。我感觉到了。第二声钟声穿过乳白、静止的空气传到我的耳边。

然后去了苏林格姆。一辆摩托车突如其来的呜呜声和随之产生的多普勒频移使我一惊。骑手穿着黑色皮衣。在我和一辆从对面驶来的汽车之间迂回前进，急转。我颤抖着。我曾经见过这样的骑手弓着身子躺在路边的草地上。动作像机器人的痉挛，处于无意识状态或意识的边缘。他的手和手臂弯成了一个危险的角度，手腕最起码是碎了。我觉得他像是一团果冻，被他身上的皮衣聚拢在一起。我不知道他是生是死。

然后到了惠特芬。我坐在柳树下，眺望沼泽。潮湿中有一种奇异感。沼泽的纹理比从前更加明显。芦苇仍然矗立着，但是在它们平行的线条之间，掺入了更多的东西——我认为是更多的芦苇分蘖。而且，其间纵横交织着旋花、荨麻、柳兰、千屈菜的茎——都缠绕在这块布料上。

还有一些蝴蝶——优红蛱蝶、荨麻蛱蝶，但肯定比以前少了。成双成对的蜻蜓在沼泽的紫色表面上飞行。

芦苇的花现在全开了，不像上次看到的那么紧凑，每一朵紫色的小花都展开了。在沼泽里有树木遮蔽的地方，我碰了碰一朵花，看它飘起一朵闪亮的花粉云，然后瞬间消失在风中。我仔细观察那些小花，可以看到细小的浅黄色花药，花粉就来自那里。在阳光充足的开阔地带，花开得更充分。更像羽毛，各部分彼此分离，花呈褐色，而不是紫色，不再播撒花粉。

来自后面的光线比上面的光线更强，让我更清晰地看到沼泽的色彩。虽然仍是以芦苇的绿色为主，但我感觉不像从前那么整齐划一。有些叶子开始变成褐色，萎缩成褐色的尖，有些被风吹得支离破碎，碎片边缘呈米黄色，其他叶子的边缘有黄色或紫色的痕迹。

我听到昆虫的嗡嗡声，蟋蟀的吱吱声。这次是什么让人感觉如此迷人？光，是的，鸭蛋蓝的高空，遥远的云层，这些也一样。但也许还因为当我看着它时，我知道它在消失。

继续围着沼泽前进——旋果蚊子草的花序轴现在密布着毛茸茸的种子，每粒种子都是一个小小的黑色或褐色飞镖，上面附着着茸毛。每个花序轴上都有成千上万粒种子。这些花序轴现在不再散发香味。它们已经干枯，将要死去。但它们携带的种子里藏着强大的力量！

前往圣玛丽教堂。欧洲七叶树组成一个宏伟的圆环，橙色的叶子映衬着蓝天。去坟墓那里。幼苗在阳光下十分明亮。但我看到，有一棵幼苗长在一片薄薄的蒲公英新叶的阴影下。这棵被遮蔽的幼苗有一个长长的下胚轴。比阳光下的幼苗更高，更细。旁边，有个欧洲七叶树的果皮砸向地面。相对于这个场面的宏伟，我感觉到自己的渺小。我意识到上升和下降。那个欧洲七叶树果皮的坠落。子叶在膨大的下胚轴顶端的崛起。果皮因撞击开裂，露出包裹在白色肉质膜里的油亮的褐色坚果。

谦卑不属于现代科学词汇。惊奇也不属于。我们不会在论文中提及这些感受。我们处于双重束缚之中。承认惊奇就是个人参与。个人参与、感觉，都会影响客观。而我们应当是客观的。虽然惊奇是我们真正的动力，而且我们感受到了惊奇，但我们不能承认。因此，非科学家们常常无法理解我们，对此其实无需惊讶。我们科学家呈现的图像有时看起来有所回避，缺乏真实感，没有精髓。这是因为这幅图像的核心基础仍然模糊不清，受到了主动压制。

被蒲公英叶片遮蔽的拟南芥幼苗比邻近未受遮蔽的幼苗长得高。

眼前这个场景的惊奇之处在于遮蔽处的下胚轴比开阔处的更长。这种差异是下胚轴细胞内部功能与其生境的光照质量之间相互作用的产物。我们对这个现象的理解还不够充分。

下胚轴是一个胚茎。一个柱状结构，其中心有连接根和地上部分的导管。其顶端是茎尖分生组织和子叶。其基部是根部的轴。下胚轴会在幼苗萌发和生长初期扩张。从种子的胚到最终的幼苗下胚轴，其长度大幅增加。而这都是通过细胞的纵向扩张来实现的。

下胚轴扩张的长度和方向是由光的性质决定的。包括光的强度、光照的方向，以及它的光谱特性（组成光的各种波长的相对数量）。因此，中心距此数百万英里远的太阳，正在控制着这些下胚轴的生长。它们能看到光。它们的细胞中含有充当光受体的蛋白质。这些受体是非凡的分子。它们探测光的存在，然后将这些信息传达给细胞核中的基因，通过改变基因活性来改变下胚轴的生长。跟我一样，这些幼苗可以看见并响应。对我而言，从视觉到响应的系列事件始于吸收光的分子。

被光受体探测到的光会抑制下胚轴的生长。这个过程是我们所熟知的。在黑暗中生长的植株苍白、细长。它们的扩张更为夸张。这是一种有利于生存的适应。植物需要光照才能生存，在黑暗环境中只有迅速生长，才能找到光。所以黑暗中的植株会阻止叶片的扩张（因为没有光可以收集，所以无用），并促进茎的扩张（增加它脱离黑暗的概率）。在光照下，茎和下胚轴的生长受到抑制，叶片的扩张得到促进。

遗传学家理解依赖光的下胚轴生长抑制的方法是寻找光抑制作用被减弱的突变体。寻找在光照下下胚轴较长（而非较短）的幼苗。这

在下胚轴较短的正常幼苗中找到下胚轴
较长的突变体。

很容易，而且有趣。从数千个个体中找出一个，其子叶高出其他个体，像一片矮树林中的一棵大树，令人兴奋。

突变下胚轴（长下胚轴）在光照下长高，是因为其探测或响应光的能力受损。拟南芥基因组中含有一些基因，当它们因突变失活时，会导致下胚轴对光不敏感，从而实现扩张。其中包括一些编码光受体蛋白的基因，这些蛋白质被称为光敏色素。

光敏色素具有惊人的特性。它们的运转方式非常微妙。它们能敏感地分辨光的性质。由于它们不仅响应光线，而且响应特定的颜色、光谱的特定波长。演化驱使它们朝着这个细腻的色彩敏感度的方向发展。

光敏色素是形状不稳定的蛋白质。但我没有时间关心这个。现在我必须安排好自己的事。明天我将飞往新西兰，开始为期两周半的新西兰、澳大利亚和新加坡之旅。我虽然为此感到兴奋，但又不愿离开这里的事物。

9 月 14 日，星期二——新加坡

从伦敦到悉尼需要中转，要在机场待一小时，能下飞机松口气。在我身后，是与这个大理石贴面的混凝土建筑格格不入的一小片三角形绿洲，它有木瓦屋顶和玻璃墙，里面是茂密的桫椤和其他蕨类植物

种子的自我修养

贴地的莲座，看起来就像我们的欧洲对开蕨。在 13 小时的长途飞行后，这甜美的气味沁人心脾。

我很累，但感觉很好。很享受这种兴奋。我即将飞越赤道（第一次）。而且有机会阅读，不间断地阅读，真是太好了。我正在重读威廉·戈尔丁的《海上三部曲》，这是他虚构的 19 世纪初从英格兰到安蒂波德斯群岛的游记。这本书描述的旅程和我自己的旅程之间的巨大差异，使我对它倍加赞赏。书中的描写非常生动。而且蕨类使我恢复了状态。

我的旅行有双重目的。首先，会见新西兰的合作者。其次，在澳大利亚的大型国际会议的全体会议上发表演讲。

9 月 15 日，星期三

关于光敏色素

在飞往新西兰的飞机上，我睡着了。睡着的时候，我做了个梦。那是诺福克的一个无风的日子。我骑自行车去上班，阳光微弱，天空高远，唯一的云层是最上方的一层平雾。山谷的底部有一层薄雾，像盛在碗里的牛奶，表面平滑，而我骑着车一头栽了进去。裸露的手臂突然感到寒冷（衬衫袖子卷了起来）。我向上望去，天空仍然蔚蓝，但多了一些灰色，以及颗粒状的烟。

当我醒来时，我又想到圣玛丽教堂的坟墓，长在坟墓表面的拟南芥幼苗；将这些幼苗与太阳相连接的光敏色素；以及那个把幼苗本身看作太阳的某一层的想法。这种想法很适合我的处境：在离地球表面数千英尺的高空，在一个钢铁泡泡里维持着生命。

光敏色素是附着有一种名为生色团的小分子的蛋白质。蛋白质与生色团的连接产生了一种具有神奇特性的结构。这种结构可以吸收光子——光能单位。正是这种特性，这种捕捉阳光能量的能力，使得光敏色素成为光受体。该结构探测光，然后将这个信号发给细胞的其他部分。在正在延长的下胚轴中，如果光敏色素探测到光，就会抑制细胞扩张。因此缺乏光敏色素的突变体在光照下生长时也会产生较长的下胚轴。

光敏色素可以有两种不同的状态："活跃"状态（称为 P_{FR}）和"非活跃"状态（称为 P_R）。不同的状态下有不同的结构，因此身份也不同。从一种状态转换为另一种状态，是由光子的吸收引发的。但不止如此。光敏色素能分辨光谱的不同波长，而且根据活跃和非活跃状态的不同，对这些波长的亲和性也不同。

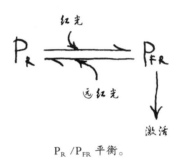

P_R/P_{FR} 平衡。

P_R 选择性地吸收红光，红光将其转换为活跃的 P_{FR} 状态。相反，P_{FR} 优先吸收远红光，使其恢复到 P_R 状态。

在阳光下，细胞中的光敏色素分子不断在一个状态和另一个状态间来回转换。活跃状态与非活跃状态的相对比例反映了阳光光谱中红光与远红光的相对比例。

　　　　　　　　　　　　　　　　　　　　种子的自我修养

那么这一切有什么意义呢？它如何帮助植物控制其生长？直到最近才找到这些问题的一些答案。光敏色素被激活后，就会进入细胞核。对光敏色素–GFP融合体（光敏色素与我之前描述过的绿色荧光蛋白融合）的研究表明了这一点。

在黑暗中生长的植物细胞中，光敏色素处于非活跃状态，荧光（由于GFP）均匀地分布于细胞的细胞质中。但是，当这些细胞暴露于红光脉冲时，激活后的光敏色素（显示为荧光）在细胞核中迅速聚集。一个刺激的发现。基因当然是在细胞核中，现在被激活的光敏色素也在细胞核中，使基因和光敏色素的相互作用成为可能。

进一步的实验揭示了被激活的光敏色素进入细胞核之后的情况。它与另一种蛋白质，一种名为PIF3的转录因子（即光敏色素–相互作用因子3），形成复合物。然后，光敏色素–PIF3复合物与DNA结合，与存在于光调节基因的启动子中的特定序列结合。这种结合可以调节这些基因的活性，加快或（在某些情况下）减慢其编码区域转录为mRNA的速率，从而调节这些基因编码的蛋白质的含量水平和活性。这些蛋白质可以根据光改变植物的生长，并引起光诱发的对下胚轴生长的抑制。DELLA一定参与了这个过程，但细节尚不得而知。

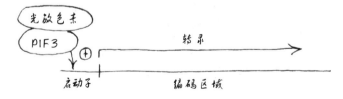

光敏色素–PIF3激活基因。被激活的光敏色素和PIF3蛋白的复合物与基因的启动子结合，并激活基因编码区域的转录（产生mRNA副本）。

这一切的连接性令人兴奋。有一个链条将太阳与遥远的诺福克圣玛丽教堂墓地里坟墓上幼苗的生长连接起来：太阳发光，光照在幼苗上，光敏色素被激活，从细胞质进入细胞核，与PIF3形成复合物，光敏色素-PIF3复合物与选定的基因启动子结合，改变基因表达，改变植物的生长，抑制幼苗下胚轴的生长。

圣玛丽教堂的新幼苗的下胚轴长度有所不同，生长在蒲公英叶片下的幼苗比其他幼苗高，这可以用叶片的遮蔽来解释：光照较少，被激活的光敏色素较少，抑制生长的作用较少。但不止于此。当阳光照在蒲公英叶片上时，一部分光被反射，一部分被吸收；其余的光穿透叶片，抵达下面的幼苗。当然，这棵被遮蔽的幼苗得到的光照较少，因此长得更高。但是，它所见的光，由于穿过了蒲公英的叶片，密度和成分都有所改变。叶片是一个过滤器。它的细胞对某些波长的吸收多于对其他波长。具体而言，对红光的吸收比对远红光多。因此，被蒲公英叶片过滤后抵达下面幼苗的光富含远红光。这种远红光使被激活的光敏色素失活。被激活的光敏色素减少，意味着对下胚轴生长的抑制减少，意味着长出更高的下胚轴。

这个惊人的例子说明了选择能力的力量。光敏色素系统是促进被其他植株遮蔽的植株部分延长的机制，使其从阴影中长到有阳光处。改善光的获取能力，这是生命周期赖以延续的根本。这是一个能够精准适应需要的系统——一种特殊的能力，用来感知光的性质的变化，而这种变化恰恰是其他植株投射的阴影所特有的。

种子的自我修养

9 月 17 日，星期五——新西兰北帕默斯顿

出色的景观。但我很累，而且此刻的距离感使景观无法产生冲击。当我休息的时候，我想起去年在诺福克的某一天，大约也是这个时候。和孩子们在一起。阴晴变幻的一天。阳光和阵雨。小片的雨云，被风吹得动起来，堆积起来；它们依次变成雨水，淋湿了地面，然后在炽热的阳光下变成水蒸气。

我们在采摘黑莓。粗糙的藤上长着浆果。有些是绿色的，有些是红色的，有些是紫色的，有些丰满、肥厚，黑得有光泽。一些已经干瘪、干燥，反吐丽蝇停在上面晒太阳。黄蜂。我的手指上沾着紫色果汁渍。关于紫色的记忆让我想起了更久以前的事，想起帚石南。许多年前，我和父亲一起在约克郡的荒原上散步。那是一个狂风大作的下午；云层低悬，灰暗阴沉，蔚为壮观。我当时还是一个八九岁的孩子。我和父亲在一个射击垛下休息。我们已经在褐色的荒凉大地上走了许多英里。走过了铺满碎磨石、泥炭和沙砾的小路。不时有惊起的松鸡，发出一阵吵闹的叫声。

刚开始散步的时候，我很兴奋。我与父亲一起进行这样的冒险。我接受了这样的场景，荒原、天气、帚石南和濒死蕨类的颜色和气味。沉醉于迎风前行的挑战。但我们已经走了很久，我感到我的思想渐渐脱离了外部世界。我变得更关注自身，注意到我的脚很疼。焦虑渐增；还要走很远吗？我够强壮吗？总的来说是一种焦躁。然后，小路穿过了一排射击垛，父亲说找一个射击垛坐一会儿，吃点午餐。他给我穿上雨衣挡风，然后递给我一个三明治。我咬了一口。我感觉到唾液腺

周围的肌肉急剧收缩。面包屑吃起来很甜。

有一会儿，除了嘴里的甜蜜，我什么都感受不到。但随后，我的心情开始轻松起来，看向我们的周围。通过射击垛墙上的洞，我能看到在我们下面绿色山谷的景观。图像变得更加锐利。更加明确。这激起了我的兴趣。顺着山谷间的小路找到一户又一户人家，将它们连接起来。

我看着下面由干砌石墙标示出的田野。它们成为彼此分隔的国家，每个国家都有各自的生活。我想起了《圣经》中耶稣从高山山顶观看地球上所有王国的故事。现在甜蜜进入了我的思想，我很高兴，欣喜于风的拍打、荒原的朴素宏伟、下面山谷的温暖绿意。从太阳、地球和雨水到小麦，从小麦到面粉，从面粉到面包，从淀粉到糖，到舌头、消化道和大脑，从舌头、消化道和大脑到思想。我们的日常饮食。

9 月 19 日，星期天——新西兰北帕默斯顿

我来这里与同事们讨论如何在 DELLA 项目上进行合作。

在过去的几天里，我对自己身处这里感到越来越兴奋。这种兴奋因一种错位感而增强：我从初秋穿越到了春天。到处都是羔羊，还有洋水仙。我的窗外是高耸的落叶树，树枝细瘦光秃。万物的疏落使我感到特别的震动，因为几天前我还置身于夏末的繁茂中。

然而，这次旅程使我更加深信，世界是一个单一的事物。昨晚，我突然想到，我们看待世界的最基本方法，例如我们的数学，涉及将一部分与其他部分分开。我们数数时从数字 1 开始，这一行为立即将数过的事物与其他一切分开了。当然，这种分裂和分割使我们以一种

种子的自我修养

方式看待世界，而非另一种方式。我们越是仔细观察——我们越是孤立地关注某个事物——我们就越无法从整体上看到整个世界。

当然，我真想知道新的拟南芥幼苗有什么进展。它们小小的根正在穿透土壤，向我所在的新西兰靠近。

9月21日，星期二——堪培拉

关于向光性

拟南芥幼苗通过几种不同类型的光受体来探测光。除了光敏色素以外，另一类光受体是向光素。向光素使植株转向光。

向光素位于细胞的外膜里。像光敏色素一样，它们是吸收光的分子。向光素由两个独立的区域组成：吸光区和信号区。吸光区对蓝光有特殊的亲和性，正如光敏色素对红光有特殊的亲和性。蓝光可以激活向光素分子。

向光素的信号区具有酶的特性，一种实现磷酸化的酶。这意味着它能够将磷酸基团（由磷原子和几个氧原子组成的分子）添加到蛋白质的氨基酸组分中，特别是丝氨酸或苏氨酸。当向光素的感光区吸收蓝光后，它的形状会改变。这种改变会激活信号区域，导致丝氨酸或苏氨酸残基的磷酸化，这种磷酸化发生在向光素本身之中（自磷酸化），也可能还有其他（未知的）蛋白质中。这一系列事件的后续步骤尚不得而知。但我们已知向光现象的原因是向光素对蓝光的感应：植物器官向光弯曲。我们通过对缺少向光素的拟南芥突变体的研究得知这一点。当正常幼苗被放在一个盒壁上有针眼的黑盒子里时，它们的下胚轴会向着透过孔的光弯曲。这是一种适应性的反应。

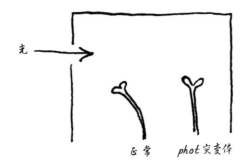

正常幼苗向光弯曲。*phot* 突变体不能向光弯曲，因为它缺少向光素光受体。

自然选择倾向于表现出这一反应的幼苗，因为这使它们能够找到它们生长所需的光。缺少向光素的突变体不会这样。它们的下胚轴继续直立生长，它们无法见到它们寻找的光。

9 月 26 日，星期天——新加坡

新加坡气候宜人。热。阳光，然后突然下起暴雨。急急落下的雨滴，锯齿状的闪电。天气反映了我的思想：随着生物钟的紊乱而波动。《海上三部曲》中也有类似的描写——在那艘吱吱响着沉落的船上，怪异、迷茫的人们，在这个世界不停旋转的边缘肆无忌惮地、迷醉地狂欢。

昨天去了雨林。湿热。巨大的舒展的绿叶。树荫。巨大的能量——听起来像哨声。有着不同音高的尖锐声响。在这些声音之上，与它们交织在一起的，是各种躲在树冠中无法得见的鸟类高低起伏的叫声。巨大的昆虫——像婴儿拳头那么大的蚂蚁和蜂。蝴蝶——橙色和蓝色。蜻蜓有着铜色三角形的翅膀。感觉这一切都是一体的，一股被光和热加速、被水驱动的生命洪流。一台活的肉体蒸汽机。

热带雨林中生物的相互依赖性十分明显。植物杂乱地缠绕在一起;攀缘植物,穿透,抓紧,拥抱。反映出植物内在的连接性。细胞里的连接性。这就是我们团队最近在研究的科学。我们在 2003 年的重大突破是发现了内在联系。某种我们猜测必然存在的东西,虽然我们还不知道它是什么。

我们之前已经引入 DELLA 解释了植物的生长。但这个解释还不完整。我们知道,植物体内还有其他东西影响着它们的生长速度。内在的东西,比如说,除了赤霉素以外的其他激素。我们不知道这些东西是否或如何与 DELLA 相关。总之,我们不知道 DELLA 系统是否真的对生长的控制有根本性的作用。

我们在很长一段时间里对此感到困惑。这是一个特别难的问题。它的重要性很明显,但解决问题的方法却不明显。我们看不到前进的方向。关于 DELLA 与其他一切都相关的假设,没有明显而确定的实验检验方法。但我们感到一定如此。除非 DELLA 与植物的生物原理的其他部分相关,否则它不可能演化出来。

然后我有了一个想法。我读到的一本书里描述了 20 世纪 50 年代做的一个实验。一个涉及赤霉素缺乏型矮化突变的豌豆植株的实验。通常,这些植株会迅速对赤霉素作出反应。如果对它们施用了赤霉素,它们的茎会迅速开始延长。负责这种延长的区域是位于地上部分分生组织下面不远处的茎节。我在书中看到的实验展示了一件出乎意料的事:如果去除这些植株地上部分的分生组织,赤霉素就不再刺激那些茎节延长。因此,赤霉素对茎的生长调节需要地上部分分生组织的存在,尽管生长并不是由分生组织本身来完成的。

被称为生长素的激素沿着植株的茎从顶端流到根尖。这种生长素大部分来自分生组织，因此去除分生组织会减少生长素的流量。生长素流量的减少是否抑制了茎节对赤霉素的反应呢？对矮化豌豆植株的进一步实验可以回答这个问题。将纯化的生长素施用于去除了分生组织的位置时，茎节对赤霉素的生长反应恢复了。因此正是来自分生组织的生长素使赤霉素得以刺激生长。

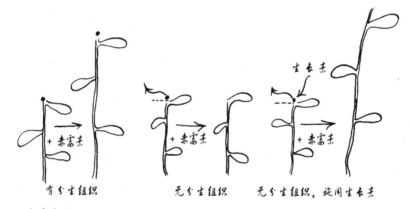

赤霉素能刺激完整的矮化豌豆地上部分（左）的生长，但不能刺激缺少地上部分分生组织的地上部分（中；以黑点为代表的分生组织）。地上部分分生组织被生长素代替（右）后，赤霉素反应恢复。

尽管我多年前就知道这个实验，但是直到重读书中相关的描述时，我才意识到它的重要性。这个实验是在近半个世纪之前做的，当时人们对 DELLA 一无所知，也不知道赤霉素如何通过克服 DELLA 的限制来促进植物的生长。我意识到我们应该重做这个实验。这次重做要让我们能够直接看到 DELLA 的行为。我们拥有做这个实验的重要材料：表达 GFP-DELLA 的植株。这些植株的根部将会是有力的实验

　　　　　　　　　　　　　　种子的自我修养

模型，因为它们本身无色，所以很容易通过它们看到荧光，从而追踪 GFP-DELLA 的存在。而且我们已知赤霉素会导致 GFP-DELLA 从这些植株的根部消失。所以我们重做这个实验最好在根部进行，而不是在地上部分进行。但首先有一个问题需要解决。

9 月 29 日，星期三——诺福克

终于又回到了家。秋日灿烂的金色阳光。金色的细秆。褪色。应该抓住的事物。芦苇叶片上的露珠突出了它们的灰色。兴奋的感觉又回来了。阳光强烈的时刻。

在圣玛丽教堂的墓地，地面上有些欧洲七叶树的果实，有些还留着裂开的有刺果皮。教堂后面的荒地中有一片灌木丛。坟墓之间长着高秆的草。荨麻。蜘蛛网。厚厚一层黑莓藤蔓缠绕在古老的石头十字架上。一串串鼓胀的黑色果实从藤蔓上垂下来。

我离开的时候，拟南芥幼苗长得很快。而且数量更多了——又有一些种子萌发了。长得最快的那棵幼苗，在两片相对的子叶之间，第一对真叶已经清晰可见，并且快速伸展。分生组织已经开始产生将要构成莲座的螺旋叶片。很快下一片叶片就会露头。其他幼苗发育得慢一些，有些最近萌发的幼苗还在舒展子叶的阶段。毫无疑问，根尖正在扎进土壤。

根的生长。我们需要解决的问题。虽然我们知道赤霉素会导致 GFP-DELLA 从根部消失，但我们不知道它是否确实促进了根的生长。我们需要找到这个问题的答案，才能用根来确定在调节根部生长的过程中，生长素和 DELLA 的关系。所以我们做了一个简单的实验。我

们比较了赤霉素缺乏型拟南芥突变体幼苗和正常幼苗的根部。

我们发现，赤霉素缺乏型幼苗的根部比正常幼苗短，而且如果施用赤霉素，突变幼苗的根部可以恢复正常生长。所以，是的，赤霉素确实控制着根部的生长。也许并不奇怪。但之后的一切都有赖于此。

如果赤霉素能控制根部的生长，那么它是通过克服 GAI 和 RGA 两种 DELLA 的作用来实现的吗？就像地上部分那样吗？为了回答这些问题，我们做了其他实验。我们发现，缺少 GAI 和 RGA 的赤霉素缺乏型幼苗的根部与正常植株一样长。因此，赤霉素是通过克服 GAI 和 RGA 两种 DELLA 引起的生长抑制来促进根部的生长。这也不奇怪。茎来自地上部分分生组织产生的细胞。但实际上茎的生长主要依靠分生组织下方茎节细胞的扩张和分裂。与此相似，虽然根部来自根分生组织产生的细胞，但根部生长本身主要是根分生组织上方延长区的细胞扩张和分裂的结果。因此，不出意料，这些现象受到共同的调节，都是由 DELLA 控制的。但我们还是需要知道这一点。

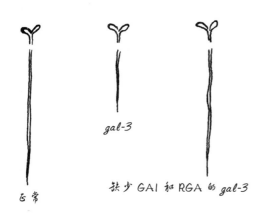

赤霉素缺乏型 *gal-3* 幼苗的根部比正常幼苗短，而缺少 GAI 和 RGA 使 *gal-3* 的根部恢复正常长度。

gal-3

正常

缺少 GAI 和 RGA 的 *gal-3*

种子的自我修养

那么生长素流有什么作用？是否也控制根部的生长？理论认为应该如此。但据我们所知，还没有人真正做过检验。所以我们做了一件简单的事。我们取来一些拟南芥幼苗，切掉顶部。切掉地上部分分生组织。

结果很明显。缺乏地上部分分生组织的幼苗的根比完整的幼苗短。如果我们用一滴含有纯化生长素的液体代替切除的地上部分分生组织，根部生长又恢复了。我们很兴奋。我们发现来自拟南芥幼苗地上部分分生组织的生长素一路向下，进入根部，促进根部生长。植株最远的两极之间存在联系。

现在我们已经表明，20世纪50年代那个实验的基本原理对拟南芥幼苗和豌豆苗同样适用。赤霉素和生长素都能促进根部生长。因此，我们可以继续复制原实验，但这次将使用拟南芥的根。我们首先种植一些赤霉素缺乏型突变体拟南芥幼苗。与之前一样，这些幼苗的根部矮化，但施用赤霉素后会长长。我们的实验取决于这一根部生长反应。缺少地上部分分生组织的赤霉素缺乏型幼苗的根部生长会出现什么情况？施用赤霉素后，它们还会长长吗？

我们去除了一些赤霉素缺乏型幼苗的地上部分分生组织，让它们自然生长几天，然后施用赤霉素。在接下来的几天里，我们不时地观察根部的发育。逐渐我们开始看出一些东西：尽管赤霉素仍然促进了这些根部的生长，但效果明显不如完整的赤霉素缺乏型植株。而且，如果用一滴生长素溶液代替切除的地上部分分生组织，幼苗就恢复对赤霉素的根部生长反应。

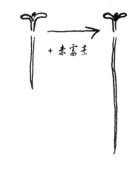

+ 赤霉素

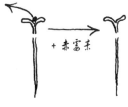

+ 赤霉素

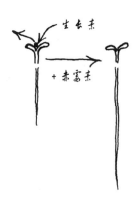

生长素

+ 赤霉素

赤霉素刺激赤霉素缺乏型拟南芥幼苗根部的生长（上），但不能刺激缺乏地上部分分生组织的幼苗（中）。如果用生长素代替地上部分分生组织（下），则赤霉素反应恢复。

所以，拟南芥根部生长的控制方式类似于豌豆的茎。赤霉素促进两者的生长，但需要生长素的存在才能完全发挥作用。能在 20 世纪 50 年代的实验基础上进行扩展，我们感到很激动。我们已经表明，赤霉素和生长素与多种植物的生长调节过程存在关系，而且这种关系同时存在于根部和地上部分中。但我们最激动的是，现在我们可以将注意力转向 DELLA 在这一切中的作用。它们是否参与其中？

我们的下一个实验很简单，但清楚地说明了 GFP-DELLA 因赤霉素处理而消失。将表达 GFP-DELLA 的幼苗去除地上部分分生组织，然后确定这种去除是否改变了根部细胞中 GFP-DELLA 因赤霉素而消失的速度。最后，看看用生长素溶液代替分生组织后，是否会恢复 GFP-DELLA 的正常行为。

我们认为很可能会看到效果。停止生长素流可以使 DELLA 保持稳定，增强 DELLA 抑制，从而减缓根的生长，这是有道理的。我们可以在实验中看到这一点，因为 GFP-DELLA 产生的荧光不会因赤霉素而变暗。相反，在赤霉素处理过的缺少地上部

种子的自我修养

分分生组织的幼苗根部细胞核中，荧光会持续存在。

这个实验的结果令人兴奋。在用赤霉素处理后的四个小时内，GFP-DELLA 从完整幼苗的根部细胞核中消失了。但在缺少地上部分分生组织的幼苗中，这些细胞核继续发光。而在地上部分分生组织被一滴生长素溶液替代的幼苗中，GFP 荧光消失了。

这些观察结果使我们对植物生长的理解更进一步。我们已经发现，DELLA 抑制生长。然后，我们又发现，赤霉素可以通过刺激对 DELLA 的破坏来促进生长。现在我们知道，生长素增强赤霉素对 DELLA 的刺激和破坏作用。

我们做到了。在赤霉素–DELLA 生长调节系统和生长素这种我们已知对调节植物生长至关重要的东西之间，找到了一个连接的纽带。向统一的理解迈进了一步。而且这种连接很可能不仅存在于根部，而且存在于地上部分、叶和花中。而且不仅在拟南芥的根、地上部分、叶和花中，也存在于其他植物中。沼泽中的芦苇。欧洲七叶树。世界各地的植物。

这就是我们在 2003 年春天怀着激动之情发表的一项发现。它是一种看待生长的新方式，我们现在所见令我感到敬畏，也为参与其中感到幸运。但是，我到几个月前才完全意识到，在 2003 年秋 /2004 年春令我感到沮丧的是，我们的发现虽然揭示了促使植物生长的那些隐藏的内部事物之间的联系，但丝毫没能告诉我们这些事物如何与植物外部的世界连接。

但是，现在我们已经着手进行。过去几个月的实验驱散了这种沮丧。在过去的几周里，我们取得了巨大的进展。

10 月

10 月 2 日，星期六

秋意渐浓。空气凉爽。太阳低悬。事物的纹理被衬托得像尖锐的
浮雕，倾斜的阳光把影子拉得很长。

科学是时髦的，像世界上的其他事物一样热衷于新潮，涉及于寻
找下一个大事件。重要的进展可能多年无人问津，直到因为其他发现
吸引人们的注意。通过重新发现，或被不了解原研究的科学家重复，
其真正的价值才得到承认。可能需要几年的时间，真正的观点才能形
成，那些从根本上改变我们看待世界的方法的重大进步才能真正得到

重视。科学过程本来如此，曾经建立的理论常常被修改，或被更新的观点挤到一边。

10月3日，星期天

橙色在云块和云堆中蔓延。橡树上有一团团变黄、变褐的叶片：这些耷拉的掌状叶与其他仍是绿色的叶片挂在一起。酸橙树上也有类似的叶团；但这些叶片是更深的褐色，更加干燥，皱巴巴，像是已经枯死。昨天我看到一棵花楸树，整棵树都是红彤彤的。有一种季节迅速推进的感觉。那些色块以极快的速度聚集在一起。

风吹动树木，阳光随之摇曳。天空是浅蓝色，有一块孤零零的塔状白云。天气预报说，西边将带来一场风暴。晚上会有风，有大雨。但是现在，我们卧室的白墙反射的阳光通过我的眼睛，进入我的思想。

后来，去了圣玛丽教堂。根部进入土壤的图像非常精致。我记得我在春天时写过。但是，由于我们最近的向地性实验，我现在对它的了解比那时多得多。

根部生长的速度和方向受许多因素影响。重力起着至关重要的作用。现在，由于我们最近的实验，我可以更细致、更深刻地描述向地性的机制——其中涉及一种稠密的充满淀粉的细胞器，称为淀粉体，当根部的位置改变时，它们以某种方式移动。

淀粉体位置的移动如何引起根部生长方向的变化？我们已知生长素与之相关。生长素沿着地上部分和根中央的维管结构向下流到根尖。在此，它像喷泉一样折返，通过外层的皮层细胞和周围的表皮细胞向上流回根部。就这样，它抵达了根部的延长区，在这个区域，根部通

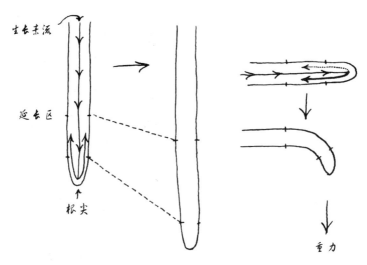

　　在垂直生长的根中，生长素沿着根部的中央维管结构向下流动，然后在根部外围组织的各个侧面中等量地回流，使所有侧面实现同等生长（左）。当根部移动为水平位置时，生长素的逆向流动被改向，使流入根部下侧的生长素多于根部上侧。结果是下侧的生长相对于上侧受到抑制，导致根部弯曲（右）。

过细胞扩张（而非分裂）实现生长。在这个延长区，生长素通过调节细胞扩张的速度控制根部生长的速度。

　　当根部沿着重力方向直接向下生长时，生长素的向上流动是均匀的。但是，当根部移动时，淀粉体移位，则生长素的流向被改变。淀粉体移位究竟是如何引起这种变化的，尚不明确，但已知流向根部（新）上表面的生长素有所减少，而流向（新）下表面的生长素有所增加。

　　在正常浓度下，生长素能促进根部的生长。但是在高浓度下，生长素实际上具有抑制作用，能减缓根部的生长。受到重力刺激的根部正是如此。生长素流向（新）下表面的流量增加，导致该侧的生长受到抑制，同时上表面继续生长。结果是，根部向着重力方向弯曲。

我们之前发现，生长素通过影响 DELLA 的稳定性来促进正常直生根的生长。向地性是否也涉及类似的机制？生长素是向地性动力的一部分，DELLA 也是吗？

我在大约一个月前简略提及的初始向地性实验是对这个想法的简单检验。我们的结论是，如果拟南芥的根部要正常响应重力矢量方向的变化，就需要有 DELLA。我们认为，生长素在受到重力刺激的正常根部的下侧延长区细胞中的累积，会导致 DELLA 抑制这些细胞的扩张。但在缺少大部分 DELLA 的根部中，这种情况不会发生。

但后来我们意识到还有其他解释。毕竟，我们没有证据表明正常植株和 DELLA 缺乏型植株中生长素流动的模式是相同的。也许 DELLA 本身会影响生长素的流动。我们需要进一步检验。而且还有另一个难题。在此之前，我们已经表明，根部基本的直线生长是由地上部分分生组织产生的生长素刺激的。但现在，在弯曲根的情况下，我们提出，在下侧延长区细胞中累积的生长素通过抑制由赤霉素推动的 DELLA 破坏来抑制生长。这怎么可能？生长素怎么会既刺激又抑制 DELLA 破坏？现在，就在我写下这些的此刻，我们正在进行一些实验，这些实验会为我们解决这些问题提供一些线索。

那么，圣玛丽教堂那些新的拟南芥幼苗的根部就是这样。向下生长，进入潮湿、凉爽的泥土中。缓慢推进。由我刚才描述的机制来保持正确的路径。就像感应重力刺激的淀粉体的连锁反应、生长素逆向流动方向的改变、DELLA 特性的调节（有可能……我们很快会知道这一点），以及因此而产生的生长方向，将其拴在了铅垂线上一样。一旦偏离，就会以这种方式找回真正的路径。

10 月 4 日，星期一

关于物种

正如预测的那样，昨夜有大雨。今天早上，世界又向前移动了一点。天气更冷了。寒风吹进我的毛衣里。天空中铅色和金色碰撞在一起。黄铜色的阵雨。

昨天，我们去摘黑莓。爱丽丝和杰克争抢着塞满他们的小篮子。脸上沾染了蓝色污渍。刺在皮肤上留下划痕。闪亮的紫色浆果。采集果实是一种收获的仪式。

在采摘时，我想到了许多生物学思想将生物界划分为物种的方式。例如，我们将植物分组。一组称为橡树，一组称为酸橙，一组称为雏菊。我们将它们分类，关注它们的差异，尽管事实上它们的共性多于差异。这种分类是否阻碍了我们将生命视为一个整体？

我们花园里的酸橙树在夜里掉了许多叶子。树下的地上有薄薄的一层树叶。种子仍然挂在树上：果柄下悬垂着浅黄色的小球，在微风中颤动。

10 月 5 日，星期二

将这个世界看作神圣的，有错吗？今早我就是这么看的。没有歧义。接受这种观点，令我一阵轻松。作为世界的一部分，而不是一个冷酷、独立的观察者，有一种温暖的感觉。但这只是一个令人舒心的幻觉吗？一个简单的答案？现在我的思想中有另一个声音，把我推向相反的方向。它说必须有距离，才能专注，才能观察。如何调和这些

　　　　　　　　　　　　　　种子的自我修养

对立面？它们必然是对立的吗？

10月6日，星期三

秋意更浓。黑暗渐渐驱赶着白天。好吧，我们离冬天越来越近了。但世界会继续运行。我离死亡越来越近了。但生活还会继续。那么，有什么可怕的？面对即将到来的冬季，我会努力保持镇静。如果把世界看作神圣的，就会更容易做到。

爱丽丝是我生命的延续。关于 DELLA 她有自己的想法。我送她上学时，我们有时会谈论 DELLA。她希望我利用它们来减缓附近那棵欧亚槭的生长，因为它越来越挡住我们花园的阳光！

10月8日，星期五

关于 DELLA 和逆境

是的，秋意越来越浓。早晨起床时，光线昏暗。每天傍晚天黑得越来越早。现在是上午，有橙黄色的阳光平射。无风。天空中飘着薄薄的云层。我骑车上班的路上，看到沼泽里薄雾迷离。

昨天，我们得到了极好的新结果。同时有两组不同的观察结果！我们的盐实验取得最新进展。

我们最初的发现预测，DELLA 的生长抑制功能在逆境中变得更为明显。在我们的两个新实验中，第一个就检验了这个预测。昨天，我们发现，GFP-DELLA 产生的荧光在含盐培养基上生长的幼苗根部比在无盐培养基上生长的幼苗根部更密集。因此没错，DELLA 的生长抑制功能在逆境中变得更加明显。DELLA 会在逆境中累积。由此带来活性的增强，从而抑制生长。

但为什么会这样？为什么在逆境中生长的植株主动抑制自身的生长？第二个实验说明了这个问题。我们发现 DELLA 缺乏型突变体不仅在高盐条件下生长更快，死亡也更早。这个观察结果带来了领悟。现在我开始明白为什么植物要有 DELLA。但现在，在我的潜意识里还有一个问题。如果缺少某种生长调节机制的植株生长相对正常，那么这个机制有什么意义？现在我想我已经找到了这个问题的答案。

DELLA 对生长本身而言并非不可或缺，但它为植物提供了一种根据环境条件调节其生长的方法。这一点从前对我来说并不显著，因为在实验室里，植物通常生长在"理想"的环境中。走出实验室，进入外面的世界，打开了我的眼界，帮助我想出一个实验来表明 DELLA 具有"适应性意义"。它们使植物根据多变的生境调节其生理机能，具有 DELLA 的植株比缺少 DELLA 的植株更有可能在这样多变的条件下生存下来。

现在我的脑子里正在酝酿问题。其中最重要的或许是：DELLA 怎样知道？是什么使其针对逆境进行累积？这是我们下一步需要检验的事。

逆境的生物特性关系到圣玛丽教堂墓地那些柔弱的拟南芥幼苗。秋天来了。越来越冷。周期性的雨水冲刷，然后是干旱。但 DELLA 抑制系统不间断地庇护着它们。保护这些幼苗，帮助它们挺过动荡的气候挑战。根据当时的条件加快或减缓生长。

10 月 9 日，星期六

今天我有一阵子感到不安。忽而担心有些事情可能会出错。科学试图代表现实。而我提出 DELLA 在植物生长与其生境之间的关系中十分重要。DELLA 提高植物在自然界中生存的概率。这是一个重大主张。我会弄错吗？我没有理由怀疑，但怀疑悄然而生。人的情绪如此波动，真是奇怪。

一个人竟然能一下子从坚信走向怀疑。昨天，我很兴奋，积极，思维跳跃，想着我们的新发现的意义，冒出许多想法。今天我又没有把握，满腹疑问。我认为这两种状态对科学家而言都是必要的。然而，它会令人不安、晕眩。

10 月 10 日，星期天

前往惠特芬。云层低垂，阳光微弱。云隙间露出小片的天空。植被镀上了一层橙色。仿佛有一种强烈的味道。无所不在，有时还随着焦点的扩散而放大。

西风轻柔，但不间断。它在树林上方的树冠层中嘶吼、咆哮。被风驱逐的叶片戚戚然落下。我从小路向沼泽望去，在树木的间隙中看到一棵欧洲荚蒾，它的叶片和浆果像一座辉煌的红色灯塔，像一座水中的火焰岛。

再次坐在柳树下，很明显水位在上升。风翻动我的笔记本，蝴蝶消失了。芦苇弯曲，也许是被几天前的风暴吹弯的。它们的颜色又不同了。花序是浅黄褐色，不再是紫色。而且变成了羽毛状：前阵子的小花现在包含着种子，附有长长的丝毛，随风飘起。种子本身：丝毛末端的深褐色小点。这些变化如此迅速，十分惊人。叶片也发生了变化：变黄，变褐，绿色褪去。

沿着沼泽散步时，风的颤动让我想起去年秋天听的一场音乐会。在诺维奇的圣安德鲁大厅（St Andrew's Hall）演奏的维瓦尔第。美好的弦乐演奏，伴随着风在屋椽撞击和翻卷。音乐表现充满动态和激情。壮观的艺术。流动中蕴含着突然的变化。风景如画。令我眼前出现了一片暗淡的意大利式风景，一个有着峭壁和树木的世外桃源。远处的云朵在阳光下闪耀。遥远的雷声，为这份宁静带来了暂时的威胁。

虽然我无法定义它，但是在这个世界的音乐表现引发的这些魔法般的响应，与我试图在这些音符中捕捉的东西之间，存在着某种联系。现象中的喜悦？不止如此，因为音乐同时存在于不同的层次，不同的焦点，在这个意义上音乐就像生活本身。

然后去了圣玛丽教堂。环绕坟墓的树木呈现出了秋季的色彩。叶片边缘呈青铜色。树枝上悬挂着开裂的欧洲七叶树果皮，露出其中的褐色坚果。树下的地上散布着坚果。拟南芥幼苗在温暖的空气中生长良好。我意识到一种不协调：这些幼苗的鲜嫩与秋天的褪色、季节性的分解，形成了反差。

10 月 12 日，星期二

昨天，我休假一天，骑车沿着旧铁路前往里弗姆。来回都有灿烂的阳光。在诺维奇的郊区，可以通过沿路树木的间隙看到工业设施。阴冷的运河，从一座制药厂传来的恶臭。然后经过德雷顿（Drayton）和托普马里奥特（Thorpe Marriot），来到更加乡村化的场景。树林之间是宽阔的田野。灰褐色的残茬将太阳的热量反射到我的脸上。离里弗姆一英里左右，是湿地和芦苇。吃了午餐，喝了一品脱酒，然后回家。

　　沿途层叠的橙色和褐色侵占着绿色的空间。更多的是红色：野生的蔷薇果和山楂。远远看去，鲜艳的浆果汇聚成一片色彩，全是朱红色的灌木丛。它是崇高的。令人振奋。在这一切之下，意识到黑暗即将到来，却加深了这种快感。

　　我开始思考我们如何看待宇宙中心的位置。哥白尼之前是地球。哥白尼之后就是太阳。现在，谁知道它在哪里？但也许这个中心在概念上很重要。也许它定义了对我们思维方式至关重要的事物。而且我有个闪念，我们是否应该回到从前的观念，重新将地球视为中心。毕竟这是我们的宇宙的中心。那些恒星太遥远。

10 月 18 日，星期一

DELLA 调节 microRNA

　　色彩越来越鲜明。今天早上，我在迷雾朦胧的天空下骑车，看到了粉红色的叶子，有些是樱桃红，有些是褐色，有些是橙色。

　　秋天有些东西会唤醒记忆。昨天傍晚，天将要黑时，我出去跑步。某一刻，我看到远处的一个人影和摇晃的树叶之间闪烁的路灯光亮，那个瞬间作为一个整体，我看到的东西与腐烂树叶的气味结合起来，把我的记忆拉回我小时候的一张照片：在一个秋天的傍晚，牵着我母亲的手，穿着短裤，膝盖上结着痂。

　　最近几天我没顾得上写笔记。很简单，有太多事情要做。我今天的工作日记：撰写资金申请书、审阅手稿、撰写论文。是的，我还在想着那些盐生长和向地性的论文。它们来之不易。

但是今天我一直在想别的东西。与盐和向地性项目同时进行的事。我们有了一个令人兴奋的新发现，将 DELLA 与关于生物学理解的最新革命联系了起来。

一般而言，基因通过转录形成信使 RNA，通过该 mRNA 翻译成蛋白质，通过这个具有特定功能的蛋白质来发挥作用。控制基因活性的一种方法是调节细胞中对应的 mRNA 的量。低水平的 mRNA 导致低水平的蛋白质，而高水平的 mRNA 导致高水平的蛋白质。

最新的革命是发现了一类新的 RNA，被称为 microRNA，它可以控制 mRNA 的量。microRNA 是非常短的 RNA 片段，长度上仅有20 或 21 个核苷酸，由一种最近才被揭示的基因（实际上可以认为是反基因的基因）编码。这些 microRNA 与编码特定蛋白质的（更长的）mRNA 中的某个序列区域互补。互补意味着相反，即 microRNA 的序列可以通过碱基配对（类似于将 DNA 分子的双链结合在一起的碱基配对方式）与 mRNA 的序列结合。其结果是形成一个在中间某处具有短双链区段（microRNA 与 mRNA 结合）的长单链 mRNA 分子。双链 RNA（不同于双链 DNA）非常不稳定，因为细胞中含有一种能够破坏它的酶复合物。这种复合体被认为是一种防御机制。它使细胞能够消灭传染性病毒，其中许多病毒以双链 RNA 的形式存在。但该机制也可以调节基因。与植物 mRNA 互补的 microRNA 的演化使得这些 mRNA 被破坏，从而调节 mRNA 的量。

就我们而言，我们最近读到，拟南芥中存在一个 microRNA（被称为 miR159），它与一个编码 GAMYB 蛋白的 mRNA 的序列具有近乎完美的互补性。GAMYB 是一个转录因子：已知它在赤霉素调节的基因的启动子中与 DNA 的特定序列结合，这种结合的结果是增强基因的表达（mRNA 的转录）。新发现的 microRNA 会不会控制 GAMYB 的活性呢？

就在过去的几周里，我们发现 miR159 的确以编码 GAMYB 的 mRNA 为目标。当一个细胞中同时存在 miR159 和 GAMYB mRNA 时，mRNA 会在两者互补处与之紧密结合。此外，在许多不同的植物物种中发现了 miR159 序列。在拟南芥、烟草，甚至在大麦中都有发现。这些植物虽然曾经有共同的祖先，但已经在不同的谱系中各自演化了千百万年。如果它们共享核苷酸序列，那么这些序列一定对所有植物的生命都起着某种重要作用。因此，可以预见 miR159 在植物生命中具有普遍性的重要作用。

而现在，格外令人兴奋的是，我们发现植物中 miR159 的量是由生长激素赤霉素控制的。赤霉素通过克服 DELLA 对 miR159 水平的抑制来调节 miR159 的量。我们之前没有考虑过 DELLA 可能会抑制 microRNA 的水平，结果发现确实如此，实属意外。带来了惊喜。这个观察结果特别令人兴奋之处在于，这是第一次表明一种激素能够提高一种植物 microRNA 的水平。

此外，miR159 提供了一种"稳态"调节水平。我们已知赤霉素促进 GAMYB mRNA 的产生，即 *GAMYB* 基因的转录。现在我们发现，赤霉素还通过 miR159 促进对 GAMYB mRNA 的破坏来抑制 GAMYB 的活性。促进和抑制活动之间的微妙平衡决定了 GAMYB 活性的最终水平。

一切都很好，但回避了一个重要的问题。miR159 是否具有发育

赤霉素通过直接刺激编码 GAMYB 的 mRNA 的产生来促进 GAMYB 的活性。此外，赤霉素抑制 DELLA，而 DELLA 本身可以抑制 microRNA（miR159）的水平。赤霉素提高 miR159 的水平，从而降低编码 GAMYB 的 mRNA 的水平。因此，通过不同的途径，赤霉素同时刺激和抑制编码 GAMYB 的 mRNA 的水平。

功能？能否证明 miR159 确实能够影响植物的生长和发育？在过去几天里，我们通过制造具有高水平 miR159 的植株，终于回答了这些问题。我们通过高活性启动子促进其表达，从而使 miR159 的水平高于正常植株中的水平。正如我们所料，高水平 miR159 导致编码 GAMYB 的 mRNA 水平降低。但是，更令人兴奋的是，我们发现高水平 miR159 植株的发育确实发生了改变。这些植株比普通植株开花晚。

从某些方面来说，这个结果并不意外。我们已知拟南芥的开花时间取决于赤霉素，而且有证据表明 GAMYB 在这个过程中起着关键作用。因此，可以预见编码 GAMYB 的 mRNA 水平降低会使开花延迟。但这一观察结果的新颖之处在于，我们表明了 miR159 水平的变化本身会影响开花的时间。因此，miR159 及其对 GAMYB 活性的影响具有发育方面的意义。

microRNA 有一个神秘之处。它们是新来者，还没有完全融入我们的模型中。犹如宇宙学中的"暗物质"。microRNA 是存在的。它们能够影响基因表达，从而调节发育。但目前还不清楚这些微小的RNA片段的作用能发挥到何种程度。然而，对于我们在自然界发现的植物，它们似乎可能成为其形状和形式的一个重要决定因素。

10月19日，星期二

今早，灰色的雾笼罩着一切。正在变色的叶片的橙光从雾中透出来。四周一片宁静。

我刚刚意识到，我在笔记中越来越频繁地使用"兴奋"这个字眼。我想，大概是因为我无法想出其他词语来准确地表达伴随着新事物实现的特定思想状态。一些新的实验结果或一些突然出现的思想火花，标志着深刻见解的形成取得了进展，兴奋就是与之相伴的那一道闪光。然而，在使用"兴奋"这种同质性描述时，这些时刻的独特性无疑没有体现出来。体验这些充满思路的时刻当然是非常愉快的。对重复这种经历的渴望，是科学研究过程中的重要动力。

是什么让这些时刻给人格外强烈的感受？其中当然有预测得以印证、谜题得以解开、长期存在的问题得以解决、秘密得以破解，这些都是值得欣喜的。但我认为，不要把这当作完整的解释。不要。真正的兴奋来自于视野的扩大。突然间，世界的另一角进入视野。从现在起，每当我使用"兴奋"这种常见词时，其中都蕴含着它们所描述的那个时刻的独特性。

10月20日，星期三

今早，我起床时天还没亮。虽然明显变冷了，但没有结霜。从书房窗户望出去，我借着反光看到一个蜘蛛网，露水使它的结构突显出来。现在，再过一会儿，灿烂的金色阳光会再次与秋天的叶色相融。除了橡树、酸橙和水青冈，榛子树也开始变色：沾满露水的草坪那边，露出了它转黄的树叶。

此时此刻，在我看来，生物与非生物之间没有明显的区别。窗外，我眼前的这些树，我所见的一切，它们的大部分都是死的。DNA分子不是活的。生物是由非生物组成的。所以，如果我们认为生命是神圣的，那么其中必然要包含非生物。但谁知道我明天会怎么想？

不同树木的树叶变色的速度不同。隔壁花园里的那棵水青冈，我在7月底第一次注意到它染上了橙色，到现在它还有许多树叶（现在更偏褐色）。但是其他树木的树叶，如欧亚椴，在水青冈树之后很久才开始变色，现在的树叶已经所剩无几。

当天晚些时候。天气很冷，时有阵雨。有时阵雨下得很大，发出很大的声响：先是鼓点似的咚咚声，然后是连续的咆哮。每一记拍击都很有力。等雨停下来，我去看了圣玛丽教堂的拟南芥幼苗。大部分幼苗都倒下了。趴在地上，被击倒了。子叶水平展开。我认为它们可能已经被连根拔起。

但有4棵较大的幼苗仍然挺立。我上次来过之后，有几天较为温暖，因此每个莲座的叶片数量都有所增加。我数了数，一个有5片，一个有6个，一个有9片叶片（8片大的和刚冒出来的第9片），每一个都是螺旋排列。这些植株在今天的暴雨袭击中幸存下来，它们现在正从土壤中吸取降雨带来的水分。我认为它们会继续生长。

10 月 21 日，星期四

经过昨天和前天晚上的大雨，今天天空清澈湛蓝，阳光泛黄，狂风大作。风撕咬着树的外衣，用利齿攫住树叶，将它们从树上撕扯下来。橡树正在经受剥削，草坪上逐渐出现了一片旋转的叶毯。

10 月 23 日，星期六

今早，穿过薄雾的阳光显得苍白，空气中弥漫着木头燃烧的烟味，随处可见正在变色的树叶：柠檬黄色的无花果叶，褐色的水青冈叶带有绿色的斑点，挂在枝头的褐色橡树叶耷拉着。风为秋冬的过渡带来了一种速度感。

正如之前预料的，盐生长的论文特别难写。目前，我已经基于以下 3 个图示，将文本分成了几个章节：

图 1a. 幼苗生长受到盐的抑制，但是缺少 DELLA 蛋白的幼苗生长受到的抑制较少。图 1b. 盐导致 DELLA 的累积增加。

图 2. 盐延迟了从营养阶段向开花阶段的过渡，但是缺乏 DELLA 的突变体延迟较少。

图 3. 缺少 DELLA 的突变体与正常植株相比，长时间暴露于高盐条件的生存概率较小。因此 DELLA 有助于植物在逆境中生存。

我很喜欢这些发现。它们与景观，与外部世界塑造植物生长和发育的方式有着莫大的关联。这篇论文的结构很清晰。但是故事很复杂，有很多条线索。而不是单一的线索。它的节奏我也把握不好。话语似乎不断地冲撞我的意识流，就像交错浪迎面拍击着海上航行的船只。

我计划向《科学》杂志投稿。要让它有希望在那里发表，我就必须解决所有这些问题。我认为难点在于这不是一篇传统意义上的遗传学／分子遗传学论文。它的抽象程度高于这些论文，它确认了更远距离之间的联系。它是新颖的。但它的新颖性让写作变得更加困难。与这些复杂问题一阵纠缠之后，我发现我的思维开始看不清这幅图景，一切变得模糊起来。

在刚才写作的时候，我突然在脑海里看到几周前刚从新加坡返回的我站在行李旁边，一旁是埃奇韦尔（Edgware）路站的环城线列车打开的车门。为什么会出现这个景象呢？它不请自来，与那一刻我脑海中的其他事物没有任何明显的关联。思维是一种神奇的事物，逻辑上遵循特定的思想联系线路，但同时会遭遇感性的分心和那些短暂却深刻的记忆片段。

10 月 24 日，星期天

昨晚温暖、有风、潮湿。我无法入睡。思想过于活跃。各种想法相互缠绕。季节已经渗入了我的思想。既对前进的步伐感到兴奋，又为前路感到不安，让人心绪不宁。

今早去跑步，好让自己放松下来。潮湿的秋叶和土壤的气味清新可爱。树叶呈深深浅浅的黄褐色、褐色、金色、橙色、红色和黄色。这些都有助于恢复宁静。

后来去了圣玛丽教堂。上次我看到被雨拍倒在地的那些拟南芥幼苗现在已经死了。它们趴在地上。枯萎了，叶片变成了它们紧贴的土壤碎屑的形状。不过，在上星期三风暴过后依然挺立的 4 棵幼

种子的自我修养

苗仍在生长。

10 月 25 日，星期一

夜间风大，下了几场强阵雨。今早看到树叶又落了许多。花园尽头的水青冈只剩几片，欧亚槭和水青冈残留的树叶破碎不堪：皱缩、破裂，它们的形状在闪耀的灰色天空的映衬下格外醒目。而且大西洋上方还有另一场风暴正在形成，这将是今年秋天最严重的一次。将在星期三左右到达这里。

10 月 26 日，星期二

如何描述黄昏时乌鸫的啄食？迫切？在天光消逝时焦虑的尖锐的戳刺？当我在渐弱的光线下俯视着剩下的拟南芥幼苗时，这一切传到了我耳中。它们还在。幸存的 4 棵。还在生长。

在写这些笔记时，有些事物变得越来越突出。但我一直置之不理，仿佛在努力避免与它正面交锋。此刻，当我看着这些最近才从坟墓表面长出来的幼苗，我特别强烈地意识到这件事，那就是，我对它们的感觉掺杂了一些宗教元素。实际上，自从这个生命周期研究开始，就已经很明显了。但这几个月，它变得越来越强烈，渲染了我的视野。

这种宗教感觉是什么？我觉得这很难表达，难以确定。但我认为其中一个方面是重要性。那些幼苗，以及与之相关的现象——生长等等——其意义超出了实际所见。这种意义延伸到了外部的世界和宇宙中。这种意义本身当然是不言自喻的。它让幼苗看起来更像世界的一部分，而且由此产生的同一感本身就具有宗教共鸣。

但其中有一些问题。当然，是我给这些幼苗灌输了延伸的意义。可以认为重要性不是它们固有的属性，而是我强加的。作为一名科学家，我承认我对这种强加于心不安。此外，"科学"地位与"宗教"地位之间存在冲突。因为如果我们所处的整体的意义大于其各个部分（或其总和），那么就很难知道从孤立对象中得到的理解，能在多大程度上代表现实。那么该怎么办？现在我对此的看法是，科学会发挥作用。它让我们看到世界的图像，如果没有这幅图像，我们的视野会急转直下。但我也确实保持着宗教感。

10 月 27 日，星期三

预料中的风暴来到这里，并不是很强。但爱尔兰的情况非常严重。班特里遭遇了洪水。幼苗依然很好。

今天大部分时间在写向地性论文。让它成为一个简洁表达的工具。拧紧它，将它的零件连接起来。它会变得非常好。这篇的目标也是《科学》。他们会喜欢吗？谁知道呢？但我认为有这个可能。毕竟，发现某种事物能够使不同的生长素水平导致不同的生长速度，进而导致根的向地性，这是很重要的。

10 月 31 日，星期天

在某种意义上是冬季的第一个早晨。夜里把钟表调快了一小时。但薄雾消散后，云层间有明亮的阳光。

跑到大教堂后面，看着阵雨云四周的块状阳光。天空和树叶的颜色都很灿烂。橙色、猩红色、朱红色，闪烁着深色的亮光。它们闪亮。

刺穿，进入。操纵，颠覆思想。带着不安的辉煌。

几天前，我在街上看到一位老人。他的头低垂着，灰色的皮肤黏着汗水。他的眼神疲惫，瞳孔缩小，充满悲苦。我已经在沿着那条路往下走，而我还得继续前进。我们都知道我们要去那边，但我们通常忽视这不可阻挡的事物。跑完后，在洗澡时，我看着我的双腿。不太优雅。有小疙瘩。不够匀称。但它们的功能良好。可以用来绕大教堂一圈，看它的尖顶和风向标高耸入云，然后回家，在我的脑海里画出这座城市。

我突然想到，那些剩下的幼苗十分脆弱。今年快要过去了，它们的莲座还只有几片叶片。天气越来越冷，会进一步减慢它们的生长。我担心它们没有足够的储备。它们太柔弱了，无法挺过冬天最严酷的时候。

11 月

11 月 3 日，星期三

今早，去上班的路上，我忽然看到长草的路边有一棵银杏树苗。我在骑车上班的路上总是经过这棵树，但之前没有注意过它。这次是它的颜色吸引了我的注意。在只有树棍粗细的光秃秃的树干顶上，发光的树叶攒成一个小小的圆形信标球。如此耀眼的光芒，犹如磷光——是灿烂的柠檬黄。

昨天我很开心。差不多花了一整天的时间写向地性论文。这是我一向很享受的阶段：严格控制，使它简明扼要，同时也要加入闪光点，指出重要的事物。有时我觉得自己在雕琢它：削去碎片，铲平粗砺，露出石头内部的形状和细节。在论文提交之前还有很长的路要走。还需要更多的修改和讨论去完善它。但我越来越清楚地感觉到它的存在。它是一个确凿的实体。

11 月 5 日，星期五

我又回来了。昨天我重读了向地性论文，发现它在许多方面有所欠缺。满是毫无关联的线索，对观察结果的描述不佳。我有一种冲动，想将它的所有片段撒向空中，看看它们如何落下：也许能在新的纸堆里找到更好的模式。但不行，这样没用。我会再次修改现在的版本。每次我写论文时，总会有同样的经历，真是好笑。对整个过程感到沮丧。但我知道，造成沮丧感的那种摇摆不定，对最终版本的形成至关重要。

不过今早天气不错，无风。蓝天。高处有一丝丝缥缈的白云。

从我的书房窗口望出去，叶片的颜色令人惊叹。水青冈在阳光下闪闪发亮。橡树仅剩的几片树叶呈青铜色或铜色，其余都掉光了。现在橡树的形状主要由小细枝、细枝、树枝和树干组成，裸露的木头是其中最清晰的东西。榛子树还有树叶：黄色；有些叶缘是黄色，中心还是绿色。酸橙树也是：黄色，相比榛子树更偏黄褐色，有些树叶的中心因真菌蔓延而变黑，呈黄色带黑斑的图案。

不时有一片树叶从酸橙树划向地面。缓慢地旋转下落，或"之"字形下落。刚耙过的草地上有随处散落的树叶。薄薄的一层，还不足以将草覆盖起来。

后来，在黄昏时去了圣玛丽教堂。欧洲七叶树已经秃了，只剩几片皱缩的残叶。几乎所有的树叶都掉了，地上落了厚厚一层。我翻开一片树叶，才看到藏在下面的拟南芥幼苗。但那些幼苗仍在生长。也许现在应该叫幼株，而不是幼苗了。螺旋状莲座又长出了几片叶片。多亏了异乎寻常的温暖天气。现在已经是 11 月初，但几乎没有霜冻——还没有持续冷过。

11 月 6 日，星期六

刚刚参加完烟火晚会回来。那些空中的闪光、尖叫声和砰砰声。周围的树木瞬间被照得绚烂夺目。短暂的阴影，天空中倏然显现的色彩形状。我可以用我们都认同的方式写出来。作为短暂经历的记录，试图捕捉转瞬即逝的感觉，感知的瞬息万变和变化无常。这些东西是我们共有的。

尽管科学也与各种现象中的奇迹打交道，却很难写出这样的共鸣。科学的图像常常看起来平淡，经久不衰却缺乏闪光点。这种写作无法捕捉或重述共同的经验。这些都是问题。

11 月 7 日，星期天

树叶的衰退和掉落

今天下午，我和爱丽丝去了惠特芬的树林。我要继续考虑向地性论文。而她为学校的任务收集一些秋叶。我们穿着长筒雨靴在树下穿梭。倾斜的阳光从树枝间穿过。

秋天已接近尾声，它似乎比其他季节流逝得更快。更像是沿着一条轨迹，一头扎进冬季的怀抱。今天，有些事物令人兴奋：秋天前进的势头；在那些闪光中，东风吹着天空中的蓝色斑块和灰色云朵向西移动；阳光穿过我的外套，使我感到短暂的温暖。

我们在一段倒下的树干上看到了一朵檐状菌。檐状菌的质地和成块的树皮非常相似，好像前者是后者膨胀或扭曲的结果。正如爱丽丝所说，不知道树皮在哪里结束，真菌从哪里开始。一种蜕变。

走进树林深处，寻找不同的叶片。叶片腐烂的气味越来越重，酸、甜、刺鼻，鼻孔感到刺痛。我看着仍在树上的树叶，又一次意识到变化的速度：绿色正在变成金色、橙色、琥珀色、黄色、红色和褐色。我被这一切的美所感动。有时候，当一阵风吹过，树上闪着光的树叶突然从空中落下时，美得让人惊叹。

这些垂死的树叶在掉落之前，为新的生命提供了材料。明年的叶片将由它们制造。大分子——组成老叶细胞的蛋白质、脂质和碳水化合物——分解成较小的分子，并被树干吸收。这些原本在叶片脱落时将要丢失的资源得以保留。明年春季，这些资源将用于构建新的叶片。整个过程与几个月前圣玛丽教堂那棵拟南芥植株叶片的褐变相类似。

我们继续向树林深处走去。在一棵水青冈幼株前停下来。仰望它的枝干优雅地弯曲着，伸向太阳，一团团树叶从绿色渐变为黄色、金色，然后变成褐色。树冠上有一些落叶留出的空隙，现在只剩光秃的细枝。我伸出手，从较低的树枝上摘了一片树叶，递给爱丽丝。叶脉很清晰，中脉从基部指向顶端，侧脉从中脉向外延伸，以一定角度指向叶片边缘。更细的叶脉在侧脉上等距排列，它们再进一步分岔，将剩余的空间填满。

爱丽丝注意到侧脉周围的组织是绿色的，但是在这些绿色的指状物之间，远离主脉部分，有一些褐色斑块。我向她解释养分沿着叶脉离开叶片前往树干。她说，就像树把叶脉当作吸管，在吸食绿色的美食。她的话让我想到，我仍然不清楚生命的起点和终点在哪里。

11 月 9 日，星期二

我花了一整天的时间写向地性论文。全部重写。我刚刚重读了一遍，怎么说呢？根本行不通。写作缺乏清晰度。它依然笨拙，缺乏优雅。

11 月 10 日，星期三

关于惊讶

生活中有许多看似普通的东西。我们起床，送孩子去上学，去上班，再回家，睡觉。所做所见都是相同的事。都可以预测。但偶尔会有崇高的闪光。例如，在这样一个时刻，你可能会记起，世界是无限空间中最微小的一个点。在那些短暂的瞬间，你会清楚地感觉到，这个世界，以及其中的一切，都是非凡的。

科学中有一个与此相关的悖论。科学真理的确立取决于观察结果的可重复性。一旦确立，现实就是可以预测的。当然，初次发现一定是令人兴奋的。但很快，这个发现一旦被证明，就会变得熟悉。成为一个被接受的事实，不再显眼。有一种倾向认为知识一旦被理解，就会变得无趣。

我越来越意识到有必要反对这些倾向。我会把圣玛丽教堂那些拟南芥幼苗看作非凡的事物。已知的世界和我们的实验揭示的新事物，

　　　　　　　　　　　　　　种子的自我修养

同样令我感到惊讶。当这些事情被清楚地看作是值得惊讶的，它们的意义，我在一周前写到的有重要意义的重力，就会变得更加明显。也更合适，我认为。

实现了惊讶的意义之后，我感到欣慰。仿佛卸下了从前没有意识到的重担。今后，我会带着喜悦和惊喜来看待这个世界。

11 月 12 日，星期五

关于生长素的载体

论文终于开始成形。写作总要经历高峰和低谷。我现在处于高峰。摘要终于如我所想：简洁、尖锐。而且我大大改进了之前没有完成的一整章，关于生长素运输蛋白质的章节。这篇论文的一个次要内容是分析 DELLA 缺乏型植株根部生长素的运动。这种运动是由于特定载体蛋白的作用。例如，根生长素的喷泉效应是由位于细胞底部的载体推动的（根据流动方向）。它们被称为"外排"载体：它们从一个细胞中移除生长素，使之进入下一个细胞。缺少外排载体的突变体显示出向地性减弱，因为生长素流不再起作用。

DELLA 缺乏型突变体的向地力受

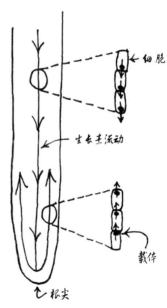

外排载体位于中央维管结构的细胞底部，生长素沿着根部向下流动，然后在外围细胞的顶层沿根部向上回流。

损，可能是因为生长素的流动受阻，这也许是因为 DELLA 缺乏影响了外排载体。这种可能性需要进行检验。所以我们就这样做了。我们用突出外排载体的指示剂给 DELLA 缺乏型突变体根部的细胞染色。我们找到了它们。它们所在的位置与正常植株无异。这些图像给我们许多启示，我之前的描述没有写到这些。但现在我明白了，重点在于：DELLA 缺乏型突变体的向地性受损并不是由于缺少生长素运输蛋白。

11 月 13 日，星期六

萌发过程中生长素的累积

风向转为西北。昨晚一阵阵风在树木之间呼啸而过。今天很冷，今晚可能会有霜冻，这个季节的第一场真正的霜冻。

所以下一个问题是：如果 DELLA 缺乏型突变体中仍然存在生长素运输器，那么当根转向时，生长素是否仍在根部下侧的细胞中累积？如果没有，那么向地性的缺失就可以用这一点来解释，而不是由于植株未能对生长素的累积做出反应。

我们可以再次利用绿色荧光蛋白（GFP）来回答这个问题。有一种方法可以使 GFP 在遇到生长素时发光。当具有这种能力的植株根部转向时，根部下侧会短暂发光。这种光芒在转向后六小时左右达到峰值，然后衰减，并且在受到重力刺激后发出短暂的生长素累积的脉冲信号。DELLA 缺乏型植株的根部也是同样的情况。所以我们排除了另一种可能。DELLA 缺乏型植株的根部向地性受损不是由于它们未能在下侧细胞中产生局部的生长素累积。

种子的自我修养

11 月 14 日，星期天

我有太多事情要做——忙着写资金申请书、写文章、启发和管理研究小组、担任委员会委员，无止境的工作。然而，我对工作有了一种目标感，这在今年年初时是没有的。我很兴奋。虽然忙乱不堪，但我有一种方向感，能够引导我找到一条路来完成这些事情。

去了一趟惠特芬。秋天的颓废景象更进了一步。芦苇变黄、变硬。它们的颜色与树木呼应。沼泽是一片阴沉的广阔区域。沼泽上水雾迷离，云朵低悬。空气寒冷。白骨顶的叫声寂寥。一切静止不动。

11 月 15 日，星期一

关于事物的割裂

风在树木之间呼啸，让我想起了爱尔兰那座房子四周的松树。而这又让我想起几年前一个 7 月的傍晚，一场在房子附近杜鲁斯村（Durrus）的圣詹姆斯教堂举行的独奏会。凯瑟琳·伦纳德（Catherine Leonard）冒着夏日的炎热进行巴赫 d 小调恰空舞曲的无伴奏小提琴演奏。她出汗的手指湿滑，加深了音乐表现的伤感脆弱。有污水的臭味，退潮时从附近河口的泥滩上升起的一股浓浓的恶臭。这种音乐在这种氛围中变得有力：它的紧绷感达到了极限。用最牢固的铁丝建造的大教堂。这一切的张力都因为死亡的恶臭而得到减轻。

我想到了分离，将事物分隔，这并不是科学独有的特征。我们的整个文化都建立在此基础上：我们不断地将事物分类、分裂、分离。也许是为了封锁视线，忽略那些讨厌的、不解的、可怕的东西。我们将自己分隔出来，不去想那些令人难以接受的生物学现实：我们需要排便，我们残杀动物以获取食物，我们都会死。

11 月 16 日，星期二

天气温暖。阳光灰暗。11 月在惨淡地衰朽：腐烂的树叶飞舞。接受事物终将走向终点的事实。这种即将终结的感觉驱使我重读了这些笔记，追溯到 5 月和 6 月。我的总体印象是其中有一些有用的东西。写作的速度反映了能量。文字粗略，笔墨仿佛还未干，朴实无华。当然有些不容忽视的东西。捕捉了一些半途而废的想法，所以有些笔记不能得到充分的理解。但如果写得更"完善"，有些想法就会被抛弃。但其中有生命力。它确实描绘了今年的进展。

11 月 17 日，星期三

向地性故事的终结

来说说结局。向地性故事的最后一个转折。真的很简单。DELLA 缺乏型突变体显示出根部向地性减弱。然而，受到重力刺激的幼苗仍然像正常植株一样在下侧累积生长素。所以突变植株出错的地方一定是它们对重力诱导的生长素累积的响应方式。

实验结果与这个结论一致。如果通过在含有高浓度生长素的培养基中培养根，人为地重新创造由重力诱导的生长素累积，正常根部的生长会受到抑制。当然，这与重力作用的结果不同。额外的生长素现在出现在根的两侧。根部没有弯曲，而是整体的生长速度减慢。两侧同时像响应重力而弯曲的某一侧一样生长。而用 DELLA 缺乏型植株的根部进行相同的实验时，它们继续生长。它们未能对生长素做出反应。

所以这个案例成立。根部需要 DELLA 才能对重力诱导的生长素累积做出适当反应。这是理解上的重大进步。但我认为我的论文还没有捕捉到它的精髓。每次重读时，我都感到不安心，觉得没有充分呈现。

11 月 20 日，星期六

天气很冷。昨晚有一场严重的霜冻，这是今年冬天第一次真正有影响的霜冻。我们调高了房子里的暖气，但我还是睡得不好。我就是不太适应冬天。夜里我感冒了，醒来时感到胸闷，心跳加速，汗流浃背。昨晚还没有这么严重。但我不喜欢毛毯压在身上，也不喜欢暖气的干燥。我没法得到满意的结果。两者必选其一。

但我精神饱满。昨天我的向地性论文终于成形了。这是一个速度和层面的问题。一篇论文要成形，就必须在几个层面上成形，不论是整体上，还是详细的具体内容。在这几个层面上缺乏清晰度的论文是浅薄平淡的。而且每个层面的速度必须是同步的。通常我们不清楚该如何去做。只能不断地尝试新的东西，然后突然间你会发现，你做到了。我昨天就达到了这一步。

明天我会再重读一次，肯定会调整和修饰奇怪的单词或短语，拧紧几个螺丝。但不会改得太多。然后，在星期一或星期二，给《科学》编辑写投稿信（必须有说服力！），然后提交。

回到我最近对重要性的思考。今年以来，这个想法在我心目中变得越来越重要。首先，追踪圣玛丽教堂的拟南芥植株和之后的幼苗，让我将植物的生长与季节更紧密地联系起来。然后我们发现，DELLA 可以根据环境的变化，适度抑制生长。因此，生长既是植物的属性，也是环境的属性。从这一点来说，合而为一的感觉，世界具有内在的统一性的感觉，也是顺理成章的。而且这种统一性是极为重要的。神圣。这是我所能想到的最能体现我的感受的词。

神圣。当然，它是一个有宗教意义的词。但我不是用它来暗示上帝的赐予，我还没到那一步。相反，我认为我们应当带着敬畏和谦卑看待这个世界。我们的行为越来越严重地威胁到地球的基本属性和稳定性。如果神圣世界的观念更加流行，我们是否会改变我们的方式？

11 月 21 日，星期天

我今早去了圣玛丽教堂，发现坟墓有人打理过了。这次工作做得很彻底。碎石间的杂草被清除了，耙平了。没有幼苗的迹象。一切都消失了。

起初似乎非常令人失望。我曾经期望看到这些幼苗挨过这个冬天。然后我想到，可能还有一些休眠的种子仍然藏在土壤中，等待春天。

现在我回到了家里，回想，我发现这个故事已经讲完了。以我的理解，我开始写这些笔记的目的至少已经有一部分达到了。而且我重新燃起了对科学的兴奋。所以这就是这些笔记的结尾，或者说是结尾的一部分。

11 月 23 日，星期二

天气又变得温暖，昨天是持续不断的西风，一片片云朵飞快地掠过天空，空气中充满能量和兴奋。昨天，我们终于向《科学》提交了向地性论文。在电脑时代，一切都高度电子化了。含有文字、图片、附录的文档，全部通过互联网从我的电脑转移到了《科学》的编辑部。只需点击一下鼠标，它就咻地跨过了大西洋。所以，既然已经完成了，我们就耐心等待。

其中有几个阶段。第一阶段：编辑是否认为这篇论文值得考虑？如果是，则进入第二阶段：论文将被送去深入审阅。如果审稿人喜欢它，他们一定会要求修改。重写一段文字，或许，还要做更多的实验。所以修改是第三阶段，然后论文回到编辑手里，等待最后的评判。接受或拒绝。如果在任何一个阶段被拒绝，我就要修改论文，再将它发到其他地方。

12月

12月3日，星期五

好几天没有写笔记了。在过去的一周里，我埋头撰写资金申请书（今天是截止日，终于完成了）。现在我正在享受完成后暂时放手的解脱。昨天的天气像炼金术一样神奇：从云层间折射／反射出蓝色、金色和橙色的阳光。我认为，这个景象持续到了申请书撰写的锤炼阶段。

今天早上起床时，霜和雾冷得能透进衣服里，我在平坦的白色大地上骑着车去上班。

我的期望与日俱增。我每天都会查看电子邮件，但没有收到《科学》的回音。我提交了向地性手稿之后，已经过了十多天。过了这么久，他们肯定不会不经审阅就将它退回（拒发）。我认为他们一定已经把它送出去进行同行评议了。跨越了第一个障碍。

12 月 5 日，星期天

这些笔记中有一段科学线索需要汇集起来。转录因子的重要性。我已经展示过转录因子如何控制对寒冷的反应、开花的时机、毛状体和花瓣的身份、生长等。它通过由基因编码的蛋白质返回细胞核，以影响其他基因的活性。

让我们后退一步。从更宽泛的角度来看这个问题。人们普遍认为，基因影响生物体的生长。许多人都知道孟德尔的工作，他曾展示过，单个基因的突变可能导致植株矮化。从这些经典实验中得出的普遍观点是，基因独立发挥作用，即基因 x 独自发挥 y 作用。上述发育过程均受转录因子控制的事实表明，这种观点过于简单。相反，生物体的生物学是由基因之间的交流、基因影响其他基因的活性来驱动的。

在我描述的几个案例里，我们知道基因之间简单的线性关系，比如基因 A 影响基因 B 的活性。但我们目前的认识是肤浅的。很显然，基因组中不同基因之间的关系远比这更复杂。它们互动的模式极为复杂而微妙，就像大脑的内部运转一样迷人而难以触及。因此生物体的发育不是个体基因的产物，而是生物体基因组的个体基因之间相互作用的产物。通过基因的协作。它们影响其他基因的行为，也受到其他基因行为的影响。如果要理解这一切，就需要与之互补的科学。同样微妙。同样复杂。

12 月 10 日，星期五

今早回到了圣玛丽教堂。但依然没有拟南芥幼苗的影子。即使有剩下的种子，也不太可能现在萌发。太冷了。如果土壤中还有休眠的种子，它们会等到明年春天。

依然没有收到《科学》的答复。审稿人会如何对待我们的论文？我一直在想，他们可能会看出哪些弱点。但是每一篇发表的科学论文都有漏洞，都有悬而未决的问题。这是这个过程的一部分。

昨天我继续写盐的论文。这需要做大量的工作——精简、集中等。它和这个阶段的向地性论文非常相似——浅薄，仅有一个层面。它需要强调共鸣、深度探索。大概我最终能够做到。我对这篇论文的结论感到非常兴奋。它们向许多不同的方向延伸。已经有迹象表明，当植物生病时，生长减缓，是由于 DELLA 的抑制。我越来越坚信，通过我们简单的盐实验，我们这个试图重新创造盐沼严酷条件的天真的尝试，我们揭示了关于植物允许外界控制其生长速度的方式的重要信息。

12 月 17 日，星期五

我在读大卫·霍克尼的《我的观看之道》。书中有一张他的照片拼贴画的复制品，画中是一棵来自巴黎卢森堡花园的树，同时又融入了花园里纵横交错的路旁其他的树木。对我来说，这张拼贴画中包含了这些笔记的一些关注点。它是用在不同时间以不同比例拍摄的快照组成的。树皮的特写、垂死的叶片、路上的鸽子。远景的整棵树木随距离缩小。结果是"树"的综合体，既在眼前，又消失于地平线。这代表了我们通过视觉的短暂聚焦，将瞬态图像粘贴到连贯的整体中，真正看到的景象。这幅拼贴画将不同的比例融合在一起，在一幅图像中包含了单片的树叶、整棵的树、草坪和花园小路。

比例的概念性整合让我们能同时在有形和无形两个层面上看见生命，我认为这将丰富我们对世界的体验。

12 月 18 日，星期六

论主体与客体

天气很冷。东风。天空蔚蓝，像水晶，清澈易碎。预报有雪。向地性论文仍在《科学》那里。我还在为盐论文奋战。

我在思考科学表现现实的能力。它确实给我们带来了见解。视野、远景、表现。因此很可惜，这些想法不容易被非专业人士所欣赏。它们与我们日常生活的关联看似模糊。写这些笔记的一个目的也是为了让科学产生的图像有更高的可见度。

但这不是我今天特别关注的事。我其实关心这些见解本身的性质。我越来越清楚地看到，它们被扭曲了。它们是用客观性的技巧创造的。这是自负。我们说，有一个客体，我们远离它，观察它。但这种认识不一定完整。它被拉伸、绷紧，有些特征被夸大，有些被忽略。与小说和绘画一样，它不是对现实的绝对表现。

我认为，这已经超越了科学的范畴。我们的文化让我们从主客体的角度来看世界。在内（自我）和外（非自我）之间画一条分界线。我们的整个人生都是在这个不变的背景下进行的。主体—客体的割裂是我们思想中根深蒂固的前提。自动的，不被欣赏的。

所以我们关于世界的认识必然是不准确的。如何才能让我们既是主体又是客体呢？

那么，如何改善我们的认识？使其更忠实地代表现实？我不知道。这个问题对我来说过于棘手。但我可以想到一些可能有用的东西。

首先，接受这一点：来自科学的认识是被扭曲的，有些认识扭曲的程度更高。与此同时欣赏科学的价值，因为科学帮助我们看见事物，虽然不准确，但如果没有科学，我们根本看不到。其次，总体上认同世界是一个整体的观念。它是我们的一部分，我们也是它的一部分。把自己看作神圣事物的一部分。练习克制。

这是我最后一次写这些笔记。植物的故事结束了。我的思想更坚定了。这本笔记已经达到了目的。我有了方向。把我们的科研重点从植物生长的秘密转移到了更广阔的视野，把植物看作世界的一部分，同时也把世界看作植物的一部分。

后　记

　　今天我又去了圣玛丽教堂。自 2004 年 12 月以来，虽然我常常去惠特芬，但这还是我第一次来到教堂墓地。它基本上还是我记忆中的样子。被坟墓和黑莓环绕的宁静之地。躲在高耸的欧洲七叶树下的避风港。

　　坟墓本身完全是贫瘠的、整洁的。碎石中没有任何植物。我仔细地搜查了一番，但我还是无法在教堂墓地里找到一棵拟南芥植株。似乎我研究的那棵植株是外来移民。从外面带进来的。也许是几粒附着在某人外套下摆的种子。仿佛我记录了一个殖民地历史中的最后阶段。

　　我在 2004 年年底完成并提交发表的稿件怎么样了？《科学》审阅了那篇向地性论文，然后拒绝发表。但同时也邀请我们在获得进一步的数据后重新提交。希望我们得到的结果能够从实质上检验根部向地性与 DELLA 之间的关系。这些实验目前正在进行，我们应该很快就会重新提交论文。而盐生长论文，不出所料，尽管十分新颖，却很难写。我们进行了多次起草和修订。最后，我们再次向《科学》提交了这篇论文，目前正在进行审阅。

　　我们在 2004 年下半年做的那些实验的发现仍然令我兴奋。而且我开始将植物的生长看作对我们这个时代的隐喻。DELLA 是响应性的枢纽，是抑制生长速度的药剂，使之与植株所处条件相适应。如果缺乏 DELLA，植株就会变得不敏感，不合时宜，生长迅速但无法进行适当的抑制，并且早亡。抑制的恰当性是我们自己需要留意的信息。

在写这段结束语时，我正看着书房窗外的那棵橡树。从我的头上的烟囱那里传来斑尾林鸽柔和的咕咕声。我想到，我们——橡树、斑尾林鸽、我自己——的细胞都是由很久以前海水中形成的最早的细胞质凝胶一代代传递而来。尽管其后沧海桑田，但我们体内都携带着那生命最初的萌动的残留。

2005 年 7 月 15 日

词汇表

每个条目中的粗体字表示词汇表中的交叉引用。

ABC 模型：解释了 3 种不同的**转录因子**（A、B、C）的活性在构成花的 4 个不同的同心**轮**中的分布，如何导致萼片、花瓣、雄蕊和心皮的形成

***AGAMOUS*/AGAMOUS**：指定花器官身份的**基因** / **转录因子**（参见 **ABC 模型**）

氨基酸：构建蛋白质的基本单元，包含 20 种不同的类型（例如**精氨酸**）

淀粉体：存在于根冠细胞中的含淀粉粒的**细胞器**，因重力而沉积，从而调节根的向地性

花青素：存在于花、叶、茎等细胞中的紫色色素

***APETALLAI*/APETALLAI**：指定花器官身份的**基因** / **转录因子**（参见 **ABC 模型**），参见**花序分生组织身份**

精氨酸：一种**氨基酸**

天冬酰胺：一种**氨基酸**

生长素：一种植物生长激素，通过特定的运输机制从植株的顶部

流向底部（从细胞到细胞）

生长素外排载体：位于细胞底膜的蛋白质，帮助生长素从这些细胞中排出（使生长素转移到下面的细胞中）

碱基：**DNA** 和 **RNA** 的基本单元，**DNA** 中含有四种不同类型的碱基：A（腺嘌呤）、C（胞嘧啶）、G（鸟嘌呤）和 T（胸腺嘧啶）

***BOOSTER (B)* / BOOSTER (B)**：玉米细胞中调节花青素沉着的**基因 / 转录因子**

碳水化合物：通式为 $Cx(H_2O)_y$ 的分子；例如淀粉、糖类、**纤维素**

二氧化碳：分子式为 CO_2；大气中的一种气体。植物在**光合作用**过程中利用二氧化碳构建**碳水化合物**和其他复杂的有机化合物

心皮：花最靠内的器官。在拟南芥中，雌蕊由两心皮卷合而成，并包含子房。雌蕊的上（接受**花粉**的）表面是**柱头**，其下是**花柱**。花粉的**生殖核**使子房受精后，子房发育为种子，雌蕊形成果实（角果）

***CAULIFLOWER* / CAULIFLOWER**：调节**花序分生组织**身份的**基因 / 转录因子**

***CBF* / CBF**：调节植物对冷的反应的**基因 / 转录因子**

细胞：生物体的基本单元。在植物中，细胞包含**细胞核**、**细胞质**，围绕细胞质的**细胞膜**和**细胞壁**。植物细胞通常还有一个充满液体的中央**液泡**

细胞分裂：一个**细胞**分裂成两个细胞的过程

细胞扩张：**细胞**扩大的过程

细胞壁：围绕植物**细胞膜**的坚硬结构。由纤维素和果胶构成

纤维素：**细胞壁**的基本成分，由葡萄糖（糖类）分子构成的长链

大分子组成。分子成束排放构成纤维

叶绿素：在**光合作用**过程中负责捕捉光的绿色色素

染色体：细胞核中 **DNA** 的载体。拟南芥的**基因组（DNA）**分布在 5 条染色体中

密码子：DNA（和 **RNA**）中的一组 3 个**碱基**，表示构成**蛋白质**的**多肽**链中的特定**氨基酸**成分

CONSTANS/CONSTANS：根据光周期（24 小时昼夜周期中日照时长）调节开花时间的**基因 / 转录因子**

子叶：胚（种子）叶。种子营养物质的储备点。萌发期小苗的头两片可见叶片，不同于萌发期后由**地上部分分生组织**产生的"真"叶

细胞质：细胞中除**细胞核**以外的内容物。水中的大分子悬浮液，以及被**细胞膜**包围的较大的结构特征（**细胞器**）

D8：一种矮化的玉米突变体。该**突变体**中突变的基因编码玉米 **DELLA** 蛋白

DELLA：一组抑制植物生长的蛋白质。拟南芥**基因组**含有编码 5 种不同 DELLA——GAI、RGA、RGLI、RGL2 和 RGL3——的基因

二倍体：细胞中含有两套**基因组**的拟南芥植株被称为"二倍体"；其中一套来自母本，另一套来自父本

显性：拟南芥的（**二倍体**）细胞中含有每个**基因**的两个副本。如果其中一个副本是突变基因，那么它的相对正常基因可能是**显性**或**隐性**的。如果是显性的，植株将表现出突变基因赋予的特征。如果是隐性的，植株将表现出由正常基因赋予的特征

DNA：构建基因的材料；由一系列**碱基**组成的长双链**大分子**

胚：包含在种子内的植株起源；由子叶、下胚轴、胚根、**地上部分分生组织和根分生组织组成**

酶：一种催化（加速）**细胞新陈代谢**过程中特定化学反应的**蛋白质**

表皮：最外层的**细胞**，其中一些细胞形成专门的**保卫细胞**或**毛状体**

乙烯：分子式为 C_2H_2；是一种调节植物生长的激素

切离（转座子）：转座子从其插入的 **DNA** 片段中跳出的过程

FLOWERING LOCUS C (FLC) / FLC：控制开花的基因 / 蛋白质

FRIGIDA：受寒冷影响控制开花的基因

GAI/GAI：*GAI* 是编码 GAI DELLA 蛋白的基因的"原始""正常"型

gai/gai：*gai* 基因是来自 *GAI* 的突变基因，并且编码 GAI 蛋白的突变（gai）型。*gai* 带来矮化，并且相对 *GAI* 基因呈**显性**，因为携带 *GAI* 和 *gai* 的植株长得矮，而不是长得高

gai-d：另一种 *GAI* 的突变型，由 *gai* 经辐射处理后得到（见正文）。*gai-d* 型不编码蛋白质，因此相对于 *GAI* 和 *gai* 型都呈隐性

gai-t6：另一种 *GAI* 的突变型，其中包含一个插入 *gai* 开放阅读框中的**转座子**（见正文）。*gai-t6* 型不编码蛋白质，因此相对于 *GAI* 和 *gai* 型都呈隐性

配子：生殖细胞，雄性生殖细胞（生殖核）和雌性生殖细胞（卵）融合形成合子

GAMYB/GAMYB：控制对赤霉素反应的**基因** / **转录因子**

基因：遗传信息单位，由 **DNA** 构成，单个基因以斜体书写，如 *CBF*；通常包含一个控制基因表达（如**转录**速度）的区域（**启动子区**

域）和编码蛋白质的区域（**开放阅读框**）

基因组：细胞的细胞核 DNA 中的全套基因

萌发：成熟种子的**胚**恢复生长，冲破种皮，成为可见幼苗的过程

GFP-DELLA：由**绿色荧光蛋白**和 DELLA 蛋白融合而成的蛋白质

赤霉素：植物生长激素

GLABRA1/ **GLABRA1**：调节毛状体发育的**基因 / 转录因子**

颖：玉米等禾本科植物的苞片

向地性：植物器官根据重力矢量而定向生长的过程。拟南芥幼苗的根部具有正向地性（向重力中心生长），地上部分具有负向地性（背离重力中心生长）

绿色荧光蛋白（GFP）：一种暴露于紫外光时发出绿色荧光的蛋白质，因此可作为标记物，使其在活细胞中的位置在显微镜下可见（成像）

保卫细胞：一种月牙形的**表皮细胞**，在气孔的两侧成对出现，这些细胞的**膨胀**引起形状的改变，从而调节气体和水蒸气通过气孔进出植物体的气流

雌蕊：花的雌性生殖器官，拟南芥的雌蕊由两个心皮卷合而成

下胚轴：胚胎的"茎"。在萌发过程中延长，从而将地上部分分生组织和子叶抬升到土壤表面以上

（转座子）插入：**转座子**跳入（结合）DNA 片段的过程

LEAFY/**LEAFY**：调节从**营养分生组织**向**花序分生组织**的过渡的**基因 / 转录因子**

亮氨酸：一种**氨基酸**

大分子：非常大的分子（如 **DNA、蛋白质、碳水化合物**），通

常是由单位分子（例如**碱基、氨基酸、糖类**）构成的聚合物链

细胞膜：包围所有**细胞**和**细胞器**的一层极薄的脂肪和**蛋白质**

"孟德尔式"比例：由孟德尔首次发现的经典的 3 : 1（或 1 : 2 : 1）的比例。当一棵携带一种**显性**型和一种**隐性**型基因的植株进行自花授粉时，下一代中 3/4 的后代会表现出由**显性**型赋予的特征

分生组织：聚集在一起的原生**细胞**，它们通过**细胞分裂**维持自身存在，同时作为构成植物体其他部分的细胞的来源

花分生组织：产生花器官的分生组织

花序分生组织：产生**花分生组织**和花序轴的分生组织

根分生组织：产生根部细胞的分生组织

营养（地上部分）分生组织：产生叶和茎的分生组织

新陈代谢：细胞中发生的化学过程，涉及分子的破坏（分解代谢，降低分子复杂性）和构建（合成代谢，增加分子复杂性）的化学过程，分解代谢释放的能量和在光合作用过程中收获的能量用于推动合成代谢

microRNA：非常短（**21 个碱基**）的 **RNA** 分子，瞄准特定的 **mRNA** 进行破坏

mRNA：见 **RNA**

突变：代代相传的 **DNA** 序列的变化

突变体（基因）：携带**突变**且其工作方式因此而被破坏或改变的基因。例如，*gai* 是一个突变基因，其编码的蛋白质被改变，而 *gai-t6* 是一个被破坏的基因，不编码蛋白质

突变体（植株）：携带突变基因且其外部特征因此而改变的植株。

例如，*gai* 突变植株长得矮，因为它携带了突变的 *gai* 基因

细胞核：细胞内包含**基因**的**细胞器**

开放阅读框架（**ORF**）：**DNA** 序列（**基因**的一部分）中编码**蛋白质**的区域

细胞器：**细胞膜**内的一个子区域，通常专门执行某个特定任务，如**细胞核**、**叶绿体**（**叶绿素**捕捉光的部位）

薄壁组织：茎 / 根的特有细胞 / 组织，通常被含有气体的细胞间空间渗入

花瓣：花的特有器官，通常位于**第二轮**

光合作用：**有机大分子**利用**叶绿素**从阳光中吸收的能量合成水和**二氧化碳**

向光素：一种专门参与光向运动（植物器官向光移动）的蓝光受体

光敏色素：红 / 远红光可逆光受体

光敏色素–GFP：由**光敏色素**和**绿色荧光蛋白**融合而成的**蛋白质**

花粉：花授粉过程中**生殖核**（雄性**配子**）的来源，也含有一个营养核（负责让花粉管沿柱头 / 花柱向下生长）

聚合酶链式反应（**PCR**）：一种快速放大特定 **DNA** 片段的方法

多肽：一段**氨基酸**序列。**蛋白质**是大的多肽

启动子：**基因**中控制 **mRNA** 转录速度的区域

蛋白酶体：含有**蛋白消化酶**的微观亚细胞腔。由多聚**泛素**标记的**蛋白质**进入该腔体，然后被酶破坏

蛋白质：由**基因**编码的**氨基酸**聚合物，**基因**编码的"活性"实体：**酶**、**转录因子**都是**蛋白质**。各种蛋白质以正体书写，如 CBF 蛋白由

CBF 基因编码（以 mRNA 为媒介）

隐性：参见显性

"解除抑制"：解释 DELLA 如何控制植物生长的模型。本质上，DELLA 抑制生长，而赤霉素通过引起 DELLA 的破坏来促进生长

RGA/RGA：*RGA* 是编码 RGA DELLA 蛋白的"原始"、"正常"型基因

rga-24：*RGA* 的突变型，不编码蛋白，因此相对 RGA 是隐性的

RGL1/RGL1：*RGL1* 是编码 RGL1 DELLA 蛋白的"正常"型基因

RGL2/RGL2：*RGL2* 是编码 RGL2 DELLA 蛋白的"正常"型基因

RGL3/RGL3：*RGL3* 是编码 RGL3 DELLA 蛋白的"正常"型基因

Rht：小麦矮秆突变体（*Rht* 代表高度降低）。该突变体中突变的基因编码小麦 DELLA 蛋白。*Rht* 突变有助于现代"绿色革命"小麦品种实现高产量

莲座：见营养莲座

RNA：携带碱基序列的单链分子，通常由一段 DNA 片段转录而来

mRNA（信使 RNA）：一段含有开放阅读框的基因片段的 RNA 副本

SCF 复合体：一种多蛋白酶，在蛋白质中加入泛素聚合物，然后在蛋白酶体中将其破坏

萼片：通常位于花的最外轮的花器官

丝氨酸：一种氨基酸

生殖核：雄性配子

海绵状叶肉：叶片特有的细胞／组织层，通常渗透着含有气体的细胞间空间

雄蕊：花的雄性器官，其顶端带有形成花粉的花药

柱头／花柱：柱头是花的卷合心皮的上表面，柱头是其上部。花粉在柱头上的萌发导致花粉管的形成，花粉管穿透并沿着柱头游向子房

终止密码子：一个表示没有氨基酸的密码子，因此是开放阅读框和其编码的蛋白质（或多肽）的终点

转录：形成序列与DNA片段（通常是开放阅读框）对应的RNA（通常是mRNA）

转录因子：通过与启动子相互作用来控制基因转录速度的蛋白质

翻译：形成一种蛋白质（或多肽）来反映之前转录为mRNA的基因开放阅读框的序列

转座酶：促进转座子插入和切离的酶

转座子："移动的"DNA，DNA的一小段，可以将其自身移除（切离）并重新整合（插入）到一个更大的DNA片段中

转座子标签：利用转座子分离特定基因的方法（见正文）

毛状体：表皮中的毛状细胞

膨胀：液泡和细胞质吸收水后体积增加，由此对坚硬的细胞壁产生压力

泛素：一种小蛋白，加入"多聚泛素"链中的其他蛋白后，标记出这些蛋白，使其在蛋白酶体中被破坏

液泡：植物细胞细胞质中充满液体的空间（一种被膜包围的细胞

器）。可能较大，在细胞中占较大的体积

营养莲座：拟南芥植株开花前在其中央茎的周围形成的较为扁平的叶片螺旋结构

导管：由端对端排列的细胞构成的管状结构

木质部：在整棵植株中传导水和盐类的导管

韧皮部：在整棵植株中传导糖类和**蛋白质**的导管

轮：一组相同的花器官（如**花瓣**）所在的环形区域

***WUSCHEL*/WUSCHEL**：调节**营养分生组织**大小的**基因 / 转录因子**

合子：雄雌配子受精的产物。形成胚胎和最终的成熟植物体的第一个细胞

致　谢

　　我想对许多在本书的写作过程中给予我帮助的人表示感谢。首先，感谢我的科研同事。我感谢 Michael Freeling。我在他的实验室（在加州大学伯克利分校）度过的时光，对我的科学思考能力的形成至关重要。我自己的科研团队完成了本书中描述的许多发现。曾经和现在的成员有：Patrick Achard、Tahar Ait-ali、Liz Alvey、Mary Anderson、Marie Bradlev、Pierre Carol、Rachel Carol（婚前姓 Cowling）、Andy Chapple、John Cowl、Thierry Desnos、Hiroshi Ezura、Barbara Fleck、傅向东、Llewelyn Hynes、Kathryn King、彭金荣、Pilar Puente、Carley Rands、Donald Richards 和 Yuki Yasumura。他们的个人贡献都在我们的科学著作中有所反映，我感谢他们。书中描述的一些发现是与约翰·英纳斯中心非本团队的科学家合作完成的，其中包括 Katrien Devos、John Flintham、Mike Gale、George Murphy、John Snape 和 Tony Worland。此外，我十分感谢 David Baulcombe、Jonathan Jones、Klaus Palme、彭金荣、Thomas Moritz 和 Dominique Van Der Straeten 实验室成员的协作。

　　我非常感谢约翰·英纳斯中心给了我写这本书的自由，特别感谢我的朋友兼同事 Enrico Coen 和 Keith Roberts，他们提供了非常有价值的建议和鼓励。

　　我是第一次出书，这本书的出版过程是一段美妙的经历。非常感谢 Alison 和 Stephen Cobb、Liz Fidlon 和 Anthony Harris，感谢他们在初始阶段提出的重要建议。对杰出而充满活力的代理人 Felicity Bryan 表示感谢和钦佩。特别要感谢布鲁姆斯伯里出版社的所有人，尤其是 Bill Swainson 的温和、耐心和稳健的编辑。此外，非常感谢 Alexandra Pringle 对此项目的热情以及她对正文早期版本的评论。最终手稿经过 Andrea Belloli 深刻而精准的编校，得到了完善。Polly Napper 用可爱而精确的插图和图表让这本书的感觉得到了极大的提升，我感谢她，还有 Will Webb，他用 Polly 的画设计了书的封面。

　　显然，对这本书的大部分思考都是在惠特芬——这个由泰德·埃利斯信托基金管理的自然保护区——完成的。管理员和信托基金对这个重要的自然栖息地的管理工作非常出色。这是一个充满宁静与灵感的避风港。

　　我要感谢我的父母 David 和 Muriel Harberd，感谢他们努力培养我创造事物，甚至是写书的能力。最重要的是，我感谢我自己的家人，感谢他们容忍我因为撰写此书而身心缺席，并且感谢他们的帮助。爱丽丝和杰克提供了灵感。最重要的是，我的妻子 Jess 始终鼓励我，我向她征求过意见，她也是这本书的第一位读者和评论者，并且在我写书之前就相信我能写出有价值的书。

　　以上所有人共同成就了本书的优点。所有瑕疵都是我的过错。

N.H.
2005 年 11 月于诺维奇

种子的自我修养

图书在版编目（CIP）数据

种子的自我修养 /（英）尼古拉斯·哈伯德著；阿黛译 . —北京：商务印书馆，2020
（自然文库）
ISBN 978-7-100-18716-9

Ⅰ.①种… Ⅱ.①尼… ②阿… Ⅲ.①烟草—植物学—普及读物 Ⅳ.① Q949.777.7-49

中国版本图书馆 CIP 数据核字（2020）第 116455 号

自然文库
种子的自我修养
〔英〕尼古拉斯·哈伯德 著
阿黛 译

商 务 印 书 馆 出 版
（北京王府井大街 36 号 邮政编码 100710）
商 务 印 书 馆 发 行
北京新华印刷有限公司印刷
ISBN 978 - 7 - 100 - 18716 - 9

2020 年 8 月第 1 版 开本 710×1000 1/16
2020 年 8 月北京第 1 次印刷 印张 18¼
定价：64.00 元